A. Zeeck, S. Grond, I. Papastavrou

Prüfungstraining Chemie für Mediziner

Zeeck, Grond, Papastavrou

Prüfungstraining Chemie für Mediziner

1. Auflage
Mit 324 Fragen und Antworten

ELSEVIER
URBAN & FISCHER

URBAN & FISCHER
München • Jena

Zuschriften und Kritik an:
Elsevier GmbH, Urban & Fischer Verlag, Lektorat Medizinstudium, Dr. Andrea Beilmann, Karlstraße 45, 80333 München
e-mail: medizinstudium@elsevier.de

Anschriften der Verfasser
Prof. Dr. rer. nat. Axel Zeeck
Universität Göttingen
Institut für Organische und
Biomolekulare Chemie
Tammannstr. 2
37077 Göttingen

Dr. Stephanie Grond
Brunnengasse 5
37077 Göttingen

Dr. Ina Papastavrou
Minna-Vortisch-Str. 10a
79540 Lörrach

Wichtiger Hinweis für den Benutzer
Die Erkenntnisse in der Medizin unterliegen laufendem Wandel durch Forschung und klinische Erfahrungen. Herausgeber und Autoren dieses Werkes haben große Sorgfalt darauf verwendet, dass die in diesem Werk gemachten therapeutischen Angaben dem derzeitigen Wissensstand entsprechen. Das entbindet den Nutzer dieses Werkes aber nicht von der Verpflichtung, anhand weiterer schriftlicher Informationsquellen zu überprüfen, ob die dort gemachten Angaben von denen in diesem Buch abweichen und seine Verordnung in eigener Verantwortung zu treffen.

Bibliografische Information der Deutschen Nationalbibliothek
Die Deutsche Nationalbibliothek verzeichnet diese Publikation in der Deutschen Nationalbibliografie; detaillierte bibliografische Daten sind im Internet über http://dnb.d-nb.de abrufbar.

1. Auflage 2008

Der Urban & Fischer Verlag ist ein Imprint der Elsevier GmbH.

08 09 10 11 12 5 4 3 2 1

Um den Textfluss nicht zu stören, wurde bei Patienten und Berufsbezeichnungen die grammatikalisch maskuline Form gewählt. Selbstverständlich sind in diesen Fällen immer Frauen und Männer gemeint.

Programmleitung: Dr. med. Dorothea Hennessen
Planung: Andrea Wintermayr
Lektorat und Redaktion: Dr. Andrea Beilmann
Herstellung: Cornelia Reiter
Satz: Kösel, Krugzell
Druck und Bindung: MKT Print d.d., Ljubljana
Zeichnungen: Dr. Wolfgang Zettlmeier, Barbing
Umschlaggestaltung: SpieszDesign, Neu-Ulm
Gedruckt auf Eurobulk 100 g 1,1 faches Volumen

ISBN 978-3-437-42446-5

Vorwort

„Übung macht den Meister“ ist das Motto für unser Prüfungstraining. Lernen in Vorlesungen, aus dem Lehrbuch, in Seminaren und Praktika ist das eine. Irgendwann aber bedarf es der Selbstkontrolle, ob auch verstanden wurde, was zu lernen war. Diese Kontrolle ermöglichen Übungsaufgaben, die zum Lösen angeboten werden. Meistens gibt es davon zu wenige und sie wurden nicht für ein systematisches Training konzipiert. Dies ist in diesem Buch ganz anders. Unser Anliegen ist es, Sie mit Aufgaben aus der *Chemie für Mediziner* gedanklich beweglich zu machen und Sie zu einem freien Umgang mit den Lerninhalten einzelner Themenbereiche anzuleiten. Und das Ganze darf auch noch Spaß machen und hier und da spielerisch oder knifflig sein.

Das Prüfungstraining ersetzt nicht das Lehrbuch. Wenn Sie Aufgaben in einem Themenblock nicht lösen können, empfehlen wir, zunächst die entsprechenden Kapitel im Lehrbuch zu bearbeiten. Dieses Prüfungstraining hat seinen Platz mehr am Ende Ihrer Ausbildung im Fach *Chemie für Mediziner*, nicht am Anfang.

Unser Dank gilt dem Verlag und im Lektorat insbesondere Frau Dr. Andrea Beilmann für die Bereitschaft, diesen auch in der Aufmachung ungewöhnlichen Lerntext auf den Weg zu bringen. Ferner danken wir Frau Gisela Gastrock und Frau Marianne Wagener für die Erstellung der Textvorlagen, sowie Frau Dr. Sandra Lösgen und Frau Dr. med. Sabine Zeeck für das Korrekturlesen und die Kontrolle der Lösungen.

Göttingen, im Sommer 2008 — Stephanie Grond, Ina Papastavrou, Axel Zeeck

Inhaltsverzeichnis

Fragen

Lösungen

Anhang

Hinweise zur Benutzung des Buches

Die Aufgaben in den einzelnen Kapiteln sprechen unterschiedliche Arbeitsweisen und Fähigkeiten an. Es ist z.B. vorgesehen, dass Sie Texte, Diagramme oder Schemata ergänzen, Aussagen beurteilen, Formeln, Namen oder funktionellen Gruppen in chemischen Verbindungen zuordnen sowie Rechenaufgaben lösen. Vor jeder Aufgabe steht ein Symbol, um Sie visuell darauf vorzubereiten, was Sie erwartet.

Am Anfang gehen Türen auf (**Ouvertüre**). Ein Lückentext fasst wichtige Grundlagen eines Kapitels zusammen und gibt Ihnen die Möglichkeit, Ihren Wissensstand einzuschätzen. Gibt es hier zu viele Lücken, greifen Sie erst noch mal zum Lehrbuch, bevor Sie weitermachen.

Trainieren und Zuordnen dient der Wiederholung von Fakten und Zusammenhängen mit unterschiedlichen Aufgabentypen. Der Hinweis *mit Extrablatt* bedeutet, dass die Lösung umfangreicher ist und ein gesondertes Blatt erfordert.

Multiple-choice-Aufgaben gehören zum Standard der schriftlichen Medizin-Examina. Solche Aufgaben müssen auch geübt werden. Sie sind in der Regel leicht, wenn der Stoff verstanden wurde. Durch das Lösen solcher Aufgaben lässt sich allerdings kein Verständnis für ein Thema oder ein Fach gewinnen, deshalb haben wie die Zahl der MC-Aufgaben begrenzt.

Netzdenken soll Ihnen helfen, die vielen Details einzelner Themen in den Zusammenhang zu stellen, was Ihnen mehr Übersicht verschafft und wodurch Sie am leichtesten bemerken können, ob der Stoff in Ihnen „lebendig" geworden ist. Die Kreuzworträtsel trainieren das Verständnis von Definitionen und Begriffen.

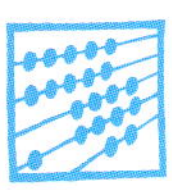

Rechnen in der „Chemie für Mediziner" bereitet häufig Schwierigkeiten, weil es dort nicht erwartet wird. Der Hinweis *mit Extrablatt* besagt, dass Sie den Lösungsweg nicht ins Buch schreiben sollten, sondern nur das Ergebnis. Für jede Rechenaufgabe wird der Rechenweg im Lösungsteil Schritt für Schritt erklärt. Damit niemand verzweifeln muss, haben wir im *Anhang A* die wichtigsten Grundlagen und Rechenregeln für das chemische Rechnen nochmals mit ganz einfachen Aufgaben erklärt.

Medizin und Alltag werden in einfachen Aufgaben immer wieder eingestreut, um Sie daran zu erinnern, warum Sie sich als Medizinstudierende überhaupt mit der Chemie beschäftigen.

Ganz am Ende finden Sie in *Anhang B* Multiple-Choice-Aufgaben, die den Stoff der verschiedenen Kapitel beispielhaft und bis in die Biochemie hinein vernetzen. Hier können Sie den Ernstfall für das schriftliche Examen proben.

1 Atombau

Ouvertüre

(1) Jedes Atom besitzt einen Atomkern (1.1) und eine Elektronenhülle (1.2). Der Atomkern ist positiv (1.3) geladen und vereint nahezu die gesamte Masse (1.4) eines Atoms (1.5) in sich. Der Atomkern besteht aus positiv (1.6) geladenen Protonen (1.7) und ungeladenen Neutronen (1.8). Die negativ (1.9) geladenen Elektronen umgeben den Atomkern (1.10) als Wolke negativer (1.11) Ladung. Atome sind nach außen hin neutral (1.12), d. h. die Zahl der Elektronen in der Elektronenhülle (1.13) eines Atoms entspricht der Zahl der Protonen (1.14) im Atomkern (1.15).

Multiple Choice

(2) Welche Aussage trifft **nicht** zu?

- **A** Die Masse eines Protons ist etwa um den Faktor 2000 größer als die eines Elektrons. ✓
- **B** Der Durchmesser des Atomkerns ist um den Faktor 10^5 größer als der des Atoms.
- **C** Die Zahl der Neutronen im Atomkern kann größer, gleich oder kleiner als die der Protonen sein.
- **D** Die Kernladungszahl eines Atoms entspricht der Anzahl der Protonen im Atomkern. ✓
- **E** Die Ordnungszahl eines Elementes entspricht der Kernladungszahl der zugehörigen Atome. ✓

Trainieren und Zuordnen

(3) Über den Aufbau eines Atoms gibt die Schreibweise $^{A}_{Z}M$ Auskunft. Ergänzen Sie die fehlenden Angaben in der Tabelle (M = Elementsymbole, A = Massenzahl, Z = Ordnungszahl).

Symbol	Name	A	Z	Protonenzahl	Neutronenzahl	Elektronenzahl	$^{A}_{Z}M$
C	Kohlenstoff	12	6	6	6	6	$^{12}_{6}C$
N	Stickstoff	14	7	7	7	7	$^{14}_{7}N$
O	Sauerstoff	16	8	8	8	8	$^{16}_{8}O$
P	Phosphor	31	15	15	16	15	$^{31}_{15}P$
S	Schwefel	32	16	16	16	16	$^{32}_{16}S$

Multiple Choice

(4) Was kennzeichnet ein chemisches Element?

- **A** Substanz, die sich in einfachere Substanzen zerlegen lässt.
- **B** Substanz, die bei Raumtemperatur gasförmig ist.
- **C** Substanz, deren Atome überschüssige Neutronen enthalten.
- **D** Substanz, die nur aus Atomen einer Kernladungszahl besteht.
- **E** Substanz, die nicht radioaktiv ist.

Multiple Choice

(5) Prüfen Sie die Aussagen über Isotope.

1 Verschiedene Nuclide eines Elements ✓
2 Nuclide mit gleicher Kernladungszahl, aber unterschiedlicher Neutronenzahl ✓
3 Nuclide mit gleicher Protonenzahl, aber unterschiedlicher Neutronenzahl ✓
4 Isotope eines Elementes können stabil oder instabil sein
5 Es gibt Isotope, die nicht in der Natur vorkommen, sondern sich nur künstlich herstellen lassen (z. B. im Atomreaktor) ✓

Welche Aussagen treffen zu?

A Nur 1 und 2
B Nur 1, 2 und 3
C Nur 2 und 4
D Nur 3, 4 und 5
E Alle Aussagen treffen zu. (circled)

Trainieren und Zuordnen

(6) Das natürlich vorkommende Element Chlor setzt sich anteilig aus zwei Isotopen zusammen:

a) $^{35}_{17}Cl$ (relative Atommasse: 34,969) mit einem Anteil von 75,77%
b) $^{37}_{17}Cl$ (relative Atommasse: 36,966) mit einem Anteil von 24,23%

Die mittlere Atommasse von Chlor ergibt sich als Summe der Atommassen der Isotope unter Berücksichtigung der Anteile.

Welcher Wert errechnet sich für Chlor? 35,452873 (6.1)

Wie lautet der Wert aus dem Periodensystem? 35,453 (6.2)

Worin unterscheiden sich die Chlor-Isotope?

In der Anzahl der Neutronen (18 bzw. 20) im Atomkern (6.3)

Lückentext

(7) Man kennt 3 (7.1) Wasserstoff-Isotope: $^{1}_{1}H$, $^{2}_{1}H$ (Deuterium, 7.2), $^{3}_{1}H$ (Tritium, 7.3). Die Isotope (= Nuclide) unterscheiden sich in der Anzahl der Neutronen (7.4) im Atomkern. Die ersten beiden Isotope sind stabil (7.5), Tritium ist instabil (= radioaktiv, 7.6). Es hat eine Halbwertszeit (7.7) von 12,3 Jahren und zerfällt unter Aussendung von β-Strahlung (7.8). Markiert man einen Arzneistoff mit Triteum (7.9), dann kann man dessen Verbleib im Stoffwechsel (7.10) durch Messung der Radioaktivität verfolgen (Tracer-Methode).

Die Enzyme (7.11) des Stoffwechsels können in der Regel nicht zwischen den Isotopen (7.12) eines Elements unterscheiden, d. h. markierte und unmarkierte Substrate (7.13) werden in gleicher Weise verstoffwechselt.

Trainieren und Zuordnen

(8) Entscheiden Sie, ob die nachstehenden Aussagen zur Elektronenhülle von Atomen richtig oder falsch sind.

		Richtig	Falsch
(8.1)	Die Elektronenhülle eines Atoms enthält mehr Elektronen als Protonen im Kern.		X
(8.2)	Die Elektronenhülle besitzt einen gesetzmäßigen Aufbau.	X	
(8.3)	Für die Beschreibung der Energie von Elektronen gibt es insgesamt fünf Quantenzahlen.		X
(8.4)	Kein Elektron stimmt in allen Quantenzahlen mit einem anderen überein.	X	
(8.5)	Elektronen, die sich in der äußeren Schale befinden, heißen Valenzelektronen.	X	
(8.6)	Kohlenstoff hat die Elektronenkonfiguration $1s^2\ 2s^2\ 2p^6\ 3s^1$.		X
(8.7)	Orbitale beschreiben den Raum in der Elektronenhülle, in dem die Aufenthaltswahrscheinlichkeit für ein Elektron zwischen 0 und 1 liegt.	X	
(8.8)	1*s*-Elektronen sind energieärmer als 2*s*-Elektronen.	X	
(8.9)	*s*-Orbitale sind hantelförmig um den Atomkern angeordnet.		X
(8.10)	Bei Atomen von Elementen mit höherer Ordnungszahl gibt es neben *s*- und *p*-Elektronen auch *d*- und *f*-Elektronen.	X	
(8.11)	Von Element zu Element werden immer erst alle Elektronen einer Schale aufgefüllt bevor die nächste Schale begonnen wird.		X

Rechnen mit Extrablatt

(9) Welche Masse hat 1 mol Kohlenstoff $^{12}_{6}C$? 12,000g (9.1)

Wie viele Atome enthält die vorgenannte Menge Kohlenstoff? $6{,}02 \cdot 10^{23}$ (9.2)

Welche Masse haben 0,3 µmol des genannten Kohlenstoffs? 3,6µg (9.3)

Wie viele Atome enthält die vorgenannte Menge? $1{,}806 \cdot 10^{18}$ (9.4)

300 µmol eines zweiatomigen Elementes haben eine Masse von 8,4 mg. Wie groß ist die relative Atommasse des Elementes und um welches Element handelt es sich?

N, der in Luft zweiatomig als N_2 vorliegt. (9.5)

Medizin und Alltag

(10) Welche Aussage zum menschlichen Körper trifft **nicht** zu?

- **A** Das Gewicht eines Menschen wird ganz überwiegend durch die Protonen und Neutronen der am Aufbau beteiligten Atome bestimmt.
- **B** (circled) Der Mensch besteht aus etwa 10^{23} Atomen, die am Aufbau der Körpersubstanz beteiligt sind.
- **C** Der Mensch ist etwa 10^{10}-mal größer als der Durchmesser eines Atoms.
- **D** Der Durchmesser der Sonne ist etwa 10^9-mal größer als ein Mensch. ✓
- **E** Elektromagnetische Felder (z.B. Elektrosmog) beeinflussen die Elektronenhülle der Atome und den Elektronentransport im menschlichen Körper.

2 Periodensystem der Elemente

Ouvertüre

(1) Man kennt heute ______ (1.1) Elemente, die mit den ______zahlen (1.2) von 1 bis ______ (1.3) belegt sind. Diese für jedes Element typische Zahl kennzeichnet die Anzahl der ______ (1.4) im ______ (1.5) der Atome. Die Elemente werden in einem ______ (1.6) Schema angeordnet, das man ______ (1.7) nennt. Das Ordnungsprinzip, nach dem man die ______ (1.8) in ______ (1.9) und ______ (1.10) neben und untereinander schreibt, wurde ______ (1.11) von den Chemikern ______ (1.12) und Mendelejew erkannt. Es ergab sich aus dem Studium der chemischen ______ (1.13) der Elemente. Elemente mit ______ (1.14) Eigenschaften wurden in ______ (1.15) zusammengefasst. Heute weiß man, dass diese Eigenschaften mit der ______konfiguration (1.16) der ______ (1.17) zusammenhängen und man sich mit dieser beschäftigen muss, um das ______ (1.18) des Periodensystems zu verstehen.

Trainieren und Zuordnen

(2) Nachstehend finden Sie ein fast leeres Schema des Periodensystems.
(2.1) Wo finden Sie die Perioden 1 bis 6?
(2.2) Wo finden Sie Haupt- und Nebengruppen? Welche Ziffern tragen sie?
(2.3) Tragen Sie die folgenden Elemente in die entsprechenden Kästchen des Periodensystems ein: K, Mg, Ca, C, N, P, S, Fe, Cu, Zn.
(2.4) Welche Gruppe enthält die Alkalimetalle, Erdalkalimetalle, Chalkogene, Halogene bzw. Edelgase?
(2.5) Nennen Sie den Namen von allen Elementen, die in dieser Aufgabe nur mit dem Elementsymbol auftauchen.

H								
						O		
Na							Cl	

Trainieren und Zuordnen

(3) Entscheiden Sie, welche der folgenden Aussagen zum Periodensystem bzw. zu den einzelnen Elementen richtig oder falsch sind.

		Richtig	Falsch
(3.1)	Das Ordnungsprinzip des Periodensystems ist die relative Atommasse der Elemente.		X
(3.2)	Die relative Atommasse eines Elements wird vom Anteil der enthaltenen Isotope bestimmt.	X	
(3.3)	Alle Elemente bis zur Ordnungszahl 92 (Uran) kommen in der Natur vor.		X
(3.4)	Nur die Nuclide der Elemente ab der Ordnungszahl 92 (Uran) sind radioaktiv.		X
(3.5)	Die waagerechten Reihen im Periodensystem heißen Perioden.	X	
(3.6)	Beim Durchlaufen der Elemente der 2. Periode von links nach rechts wird die 2. Schale mit maximal acht Elektronen aufgefüllt.	X	
(3.7)	Edelgase enthalten mit Ausnahme des Heliums acht Valenzelektronen.	X	
(3.8)	Die Elektronenschalen der Elemente werden nacheinander vollständig mit Elektronen besetzt.		X
(3.9)	Nebengruppenelemente enthalten in der Regel zwei Valenzelektronen.	X	
(3.10)	Alle Nebengruppenelemente sind Metalle.	X	
(3.11)	Alle Hauptgruppenelemente sind Nichtmetalle.		X
(3.12)	Im Periodensystem gibt es mehr Metalle als Nichtmetalle.	X	
(3.13)	Elemente der 14. Gruppe enthalten vier Valenzelektronen.	X	
(3.14)	Von den 81 stabilen Elementen des Periodensystems sind nur etwa 5 für den Menschen notwendig und wichtig.		X
(3.15)	Im „Periodensystem des Lebens“ haben die meisten Elemente eine Ordnungszahl unter 30.	X	

Trainieren und Zuordnen

(4) Welche Elemente (jeweils vier) kommen im menschlichen Körper am häufigsten vor? Geben Sie den Namen sowie das Elementsymbol an und ordnen Sie nach abnehmender Häufigkeit.

(4.1) Hauptgruppenelemente:
Wasserstoff H | Kohlenstoff C | Sauerstoff O | Stickstoff N

(4.2) Hauptgruppenmetalle:
Calcium Ca | Kalium K | Natrium Na | Magnesium Mg

(4.3) Nebengruppenelemente:
Eisen Fe | Zink Zn | Kupfer Cu | Mangan Mn

Multiple Choice

(5) Welche Aussage trifft **nicht** zu?

- **A** Es gibt mehr Haupt- als Nebengruppenelemente.
- **B** Die Nebengruppen des Periodensystems tragen die Ziffern 3–12. ✓
- **C** Acht Valenzelektronen geben einem Element eine besondere chemische Stabilität. ✓
- **D** Hauptgruppenelemente weisen ab der 3. Periode unbesetzte Orbitale auf.
- **E** Die 3. Elektronenschale (M-Schale) kann maximal 18 Elektronen aufnehmen.

Netzdenken

(6) Lösen Sie das Kreuzworträtsel. Beginnen Sie das gesuchte Wort in dem Kästchen mit der Zahl. (ä = ae)

1 Italienischer Gelehrter, dessen Name in Verbindung mit der Naturkonstanten zur Definition der Stoffmenge auftaucht.
2 Wahrscheinlicher Aufenthaltsort eines Elektrons
3 Spurenelement, das in der Atmungskette vorkommt.
4 *s*- und *p*-Elektronen unterscheiden sich darin.
5 Element, das für die Diagnostik der Schilddrüsenfunktion in radioaktiver Form verwendet wird.
6 Hauptgruppenelement über Kalium
7 Nebengruppenelement mit Bedeutung für das Hämoglobin
8 Waagerechte Reihe im Periodensystem
9 Negativ geladenes Elementarteilchen
10 Deuterium und Tritium sind es.
11 Element, das im ATP enthalten ist.

1 A										
U	2 O	3 M	4 E							
O	R	O	N		6 N		8 P	9 E	10 I	11 P
G	B	L	E		A		E	L	S	H
A	I	Y	R		T	7 E	R	E	O	O
D	T	B	G	5 I	R	I	I	K	T	S
R	A	D	I	O	I	S	O	T	O	P
O	L	Ä	E	D	U	E	D	R	P	H
		N			M	N	E	O	E	O
								N		R

Lösungswort: Radioisotop

Medizin/Alltag

(7) Nachfolgend wird biochemisch wichtigen Nebengruppenelementen eine Bedeutung im Stoffwechsel zugeordnet.
Welche Zuordnung trifft **nicht** zu?

A Eisen – Sauerstofftransport
B Molybdän – Atmungskette
C Zink – ATP-Hydrolyse
D Cobalt – Bestandteil von Vitamin B_{12}
E Kupfer – Bestandteil von Oxidasen

Medizin/Alltag

(8) Welche Aussage trifft **nicht** zu?

A Blei und Quecksilber sind giftig.
B Iod ist auch ein Desinfektionsmittel.
C Chrom ist ein Spurenelement.
D Argon ist ein Narkosemittel.
E Nickelohrringe können Allergien auslösen.

3 Grundtypen der chemischen Bindung

Ouvertüre

(1) Die ______ (1.1) eines Elements können miteinander oder mit Atomen anderer ______ (1.2) reagieren. Für den ______ (1.3) von Atomen bzw. aus ihnen hervorgehenden Ionen ist eine ______ (1.4) Bindung erforderlich. Die drei Grundtypen sind die ______ (1.5) Bindung (Beispiel: Gold), die ______bindung (1.6) (Beispiel: Kochsalz) und die ______bindung (1.7) (Beispiel: Methan). Welche Bindung entsteht, hängt u. a. mit der Zahl der ______elektronen (1.8) der Bindungspartner zusammen. Erreichen die an der Bindung beteiligten Partner durch die Ausbildung der Bindung die ______konfiguration (1.9) in der Valenzschale, so ist dies ______ (1.10) günstig und damit bevorzugt. Die Atome der ______ (1.11) haben deshalb keine ______ (1.12) Bindungen einzugehen. Die Elektronenkonfiguration der Valenzschale der Edelgase lautet ______ (1.13) für Helium bzw. ______ (1.14) für die anderen Edelgase, d. h. mit ______ (1.15) Elektronen in der Valenzschale ist das System vergleichsweise stabil. Der Trend zu ______ (1.16) Valenzelektronen wird als ______ (1.17) bezeichnet.

Trainieren und Zuordnen

(2) (2.1) Nennen Sie vier typische Metalle (Name und Elementsymbol).

______ ______ ______ ______

(2.2) Nennen Sie vier typische Eigenschaften von Metallen.

______ ______ ______ ______

Multiple Choice

(3) Prüfen Sie die Angaben zu Metallen bzw. zur metallischen Bindung.

1. Metallatome werden durch delokalisierte Valenzelektronen zusammengehalten.
2. Alle Nebengruppenelemente sind Metalle.
3. Der metallische Charakter der Elemente nimmt innerhalb einer Hauptgruppe von unten nach oben ab.
4. Der metallische Charakter der Elemente nimmt innerhalb einer Periode von links nach rechts zu.
5. Metallatome haben in der Regel eine geringere Anzahl Valenzelektronen als Nichtmetallatome.

Welche Angaben sind richtig?

- **A** Nur 1 und 2
- **B** Nur 1, 2, 3 und 5
- **C** Nur 2, 3 und 4
- **D** Nur 4 und 5
- **E** Alle Angaben sind richtig.

Trainieren und Zuordnen

(4) Prüfen Sie, ob folgende Aussagen richtig oder falsch sind.

		Richtig	Falsch
(4.1)	Aus Metallatomen entstehen durch Abgabe von Elektronen Kationen.		
(4.2)	Aus Nichtmetallatomen entstehen durch Aufnahme von Elektronen Anionen.		
(4.3)	Die Elektronenaffinität beschreibt die Energie, die für die Abgabe von Elektronen benötigt wird.		
	Bei der Ionenbildung aus den Atomen eines Elements ändert sich:		
(4.4)	die Ladung.		
(4.5)	die Kernladungszahl.		
(4.6)	die relative Atommasse.		
(4.7)	der Radius des Teilchens.		
(4.8)	Atome eines Elements haben eine hohe Elektronegativität, wenn sie eine starke Tendenz haben, Elektronen zu sich herüberzuziehen.		
(4.9)	Natrium ist elektronegativer als Chlor.		
(4.10)	Sauerstoff ist elektronegativer als Kohlenstoff.		
(4.11)	Die Elektronegativität nimmt innerhalb einer Hauptgruppe von oben nach unten ab.		
(4.12)	Der Atomradius der Atome eines Elements ist immer größer als der Ionenradius.		
(4.13)	Atom- und Ionenradius der Elemente nehmen innerhalb einer Hauptgruppe von oben nach unten zu.		
(4.14)	Salze sind aus gegensinnig geladenen Ionen aufgebaut.		
(4.15)	Die Ionenbindung kommt durch elektrostatische Anziehung zustande.		
(4.16)	Die Ionenbindung ist gerichtet.		
(4.17)	Salze entstehen aus Elementen mit ähnlicher Elektronegativität.		
(4.18)	Die Bindungsenergie von Salzen bezeichnet man als Gitterenergie.		
(4.19)	Salzkristalle bestehen aus Ionengittern.		
(4.20)	Salze sind bei Raumtemperatur gasförmig, flüssig oder fest.		

F3

Trainieren und Zuordnen

(5) Geben Sie für die nachfolgenden Salze die Formel und die enthaltenen Ionen mit ihrer Ladung an.

		Formel	Kation	Anion
(5.1)	Natriumchlorid	NaCl	Na^{+}	Cl^{-}
(5.2)	Kaliumiodid	KI	K^{+}	I^{-}
(5.3)	Magnesium(II)-chlorid	$MgCl_2$	Mg^{2+}	$2Cl^{-}$
(5.4)	Magnesium(II)-sulfat	$MgSO_4$	Mg^{2+}	SO_4^{2-}
(5.5)	Natriumcarbonat	Na_2CO_3	$2Na^{2+}$	CO_3^{2-}
(5.6)	Silbernitrat	~~Ag~~ NO_3^{-}	~~Ag~~$^{+}$	NO_3^{-}
(5.7)	Eisen(II)-sulfat	~~Ag~~ SO_4^{2-}	~~Ag~~$^{2+}$	SO_4^{2-}
(5.8)	Eisen(III)-chlorid	$FeCl_3$	Fe^{3+}	$3Cl^{-}$
(5.9)	Kupfer(II)-bromid	$CuBr_2$	Cu^{2+}	$2Br^{-}$
(5.10)	Ammoniumsulfat	$(NH_4)_2SO_4^{2-}$	$2NH_4^{2+}$	SO_4^{2-}

✓

Rechnen

(6) (6.1) Wie viel Gramm NaCl entsprechen 0,1 mol NaCl?
(relative Atommassen: Na 23, Cl 35,5) ✓

1 mol = 58,5 g :10 = 5,85 g

(6.2) Wie viele Ionen liefert 1 mol $MgCl_2$ beim Lösen in Wasser?

1 mol = $6 \cdot 10^{23}$ Teilchen ⇒ $18 \cdot 10^{23}$ ✓

Multiple Choice

(7) Welche Aussage zur Atombindung trifft **nicht** zu?

- **A** Sie entsteht durch die Ausbildung gemeinsamer Elektronenpaare. ✓
- **(B)** Sie ist gerichtet.
- **C** Sie entsteht zwischen Atomen ähnlicher Elektronegativität. ✓
- **D** Sie kann polarisiert sein. ✓
- **E** Sie wird auch als heteropolare Bindung bezeichnet. ✓

Trainieren und Zuordnen

(8) Wie viel bindig sind

H: 1 O: 2 C: 4 N: 3 S: 2 Cl: 1 F: 1 ✓

in Verbindung mit Wasserstoff?

Trainieren und Zuordnen

(9) Benennen Sie folgende Verbindungen, geben Sie die Strukturformel mit allen freien Elektronenpaaren an und berechnen Sie mit Hilfe eines Periodensystems die jeweilige Molmasse in g/mol.

		Name	Strukturformel	Molmasse
(9.1)	H_2	Wasserstoff	H – H	2g
(9.2)	Cl_2	~~Chlorid~~ Chlor	⟨Cl = Cl⟩	35g
(9.3)	N_2	Natrium	·N = N·	
(9.4)	O_3	Sauerstoff		
(9.5)	HCl	Wasserstoffchlorid	H – Cl	
(9.6)	H_2O	Wasser	H – O – H	
(9.7)	NH_3	Ammoniak	H – N – H	
(9.8)	CH_4	Methan	H – C – H	
(9.9)	C_2H_4	Ethen	C = C	
(9.10)	N_2O	Distickstoffoxid	⟨N = N = O⟩	44

Multiple Choice

(10) Welche Aussage zur Atombindung trifft **nicht** zu?

- **A** Elemente der 15. Gruppe sind fünfbindig.
- **B** Die Bindungen des vierbindigen Kohlenstoffs weisen in die Ecken eines Tetraeders.
- **C** Eine Einfachbindung wird auch als σ-Bindung bezeichnet.
- **D** Die Bindung entsteht, wenn einfach besetzte Atomorbitale doppelt besetzte Molekülorbitale bilden.
- **E** Die Bindungslänge liegt zwischen 0,07 und 0,3 nm (1 nm = 10^{-9} m).

Netzdenken

(11) Ordnen Sie folgende Stichworte/Begriffe den drei angegebenen Bindungstypen zu.

(11.1) **Metallische Bindung:** I J K H L

(11.2) **Ionenbindung:** B A C F E G

(11.3) **Atombindung:** B M N O P Q

- **A** Delokalisierte Valenzelektronen
- **B** Gemeinsames Elektronenpaar
- **C** Polarisierbar
- **D** Heteropolar
- **E** Dipolmoleküle
- **F** Gerichtet
- **G** Elektrostatische Anziehung
- **H** Gewinkelte Moleküle
- **I** Stoffe leiten den elektrischen Strom.
- **J** Salz
- **K** Stoffe sind bei Raumtemperatur gasförmig, flüssig oder fest.
- **L** Stoffe haben einen hohen Schmelzpunkt.
- **M** Molekülbildung
- **N** In einigen Fällen sind beteiligte Atome hybridisiert.
- **O** Bindigkeit
- **P** Bindungspartner haben eine große Elektronegativitätsdifferenz.
- **Q** Definierte Summenformel

F3

Netzdenken

(12) Lösen Sie das Kreuzworträtsel. Beginnen Sie das gesuchte Wort in dem Kästchen mit der Ziffer. (ä = ae, ü = ue)

1 Bindungstyp bei Salzen
2 Positiv geladenes Teilchen
3 Eigenschaft der Ionenbindung
4 Name des Ions, wenn ein Fluoratom ein Elektron aufnimmt.
5 Abstand zwischen zwei Atomen in einem Molekül
6 Bezeichnung für Silicium und Germanium, die weder Metall noch Nichtmetall sind.
7 Negativ geladenes Teilchen
8 Aus zwei oder mehr Atomen zusammengesetztes Teilchen einer Verbindung
9 Die delokalisierten Valenzelektronen eines Metalls werden wegen ihrer Beweglichkeit so auch genannt.
10 Das Wassermolekül ist so gebaut.
11 Mischung verschiedener Metalle
12 Geometrische Form, die beim vierbindigen Kohlenstoff eine Rolle spielt
13 Eigenschaft der Atombindung

1 I				5 B				9				
O				I							12	
N		3 H		N						11 L		
E		E		D					10	E		
N		T		U	6 H					G		13 K
B	2 K	E	4 F	N	A	7 A				I		O
I	A	R	L	G	L	N	8 M			E		V
N	T	O	U	S	B	I	O			R		A
D	I	P	O	L	M	O	L	E	K	U	E	L
U	O	O	R	A	E	N	E			N		E
N	N	L	I	E	T		K			G		N
G		A	D	N	A		U					T
		R		G	L		E					
				E	L		L					

Lösungswort: ____________________

Multiple Choice

(13) Die nachfolgenden Verbindungsreihen sollen hinsichtlich des Bindungstyps einheitlich sein.

Für welche Reihe trifft dies **nicht** zu?

A Cu, Pb, Ag ✓
B HF, NaCl, KBr
C H_2, Cl_2, Br_2 ✓
D $MgCl_2$, $FeCl_3$, $CuBr_2$
E H_2O, NH_3, HCl ✓

Multiple Choice

(14) Salze sind Verbindungen, die im festen Zustand aus gegensinnig geladenen Ionen bestehen. Die Ionen sind geordnet; es liegen dreidimensionale Ionengitter vor.

Nachfolgend finden Sie Aussagen über Salze:

1 Die Valenzelektronen der einzelnen Ionen sind im Gitterverband frei beweglich.
2 Die Valenzelektronen benachbarter Ionen bilden gemeinsame Elektronenpaare.
3 Die gegensinnig geladenen Ionen werden durch elektrostatische Anziehungskräfte zusammengehalten.
4 Die Atomkerne der Ionen verschmelzen und bilden das eigentliche Ionengitter.
5 Salze haben hohe Schmelzpunkte, weil beim Schmelzen eine hohe Gitterenergie zu überwinden ist.

Welche Aussagen treffen zu?

A Nur 1, 3 und 5
B Nur 2 und 3
C Nur 2 und 4
D Nur 3 und 4
E Nur 3 und 5

4 Erscheinungsformen der Materie

Ouvertüre

(1) Stoffe können je nach Temperatur- und Druckverhältnissen in verschiedenen ______ (1.1) (= Erscheinungsformen) auftreten. Man unterscheidet zwischen ______ (g) (1.2), ______ (l) (1.3) und ______ (s) (1.4). Der Übergang von einer Erscheinungsform in eine andere wird auch ______ (1.5) genannt, die zugehörige Temperatur bezeichnet man beim Übergang s → l als ______ (1.6) und beim Übergang l → g als ______ (1.7) eines Stoffes. Für eine ______ (1.8), die eine definierte ______ (1.9) Zusammensetzung aufweist, sind diese ______ (1.10) Eigenschaften charakteristisch.
Liegt ein Stoffsystem in einem Aggregatzustand vor und ist nach außen hin ______ (1.11), so bezeichnet man es als ______ (1. 12). Besteht ein System nur aus einer Phase, ist es ______ (1.13). Liegen zwei Phasen nebeneinander vor, ist es ______ (1.14). Für Letztere gibt es je nach Aggregatzustand der Phasen verschiedene Begriffe: s/s = ______ (1.15), s/l = ______ (1.16), s/g = ______ (1.17), l/l = ______ (1.18), l/g = ______ (1.19).

Trainieren und Zuordnen

(2) Folgendes Diagramm beschreibt die Phasenumwandlungen. Gesucht wird der Begriff für den jeweiligen Prozess in Pfeilrichtung. Setzen Sie das Verb dafür ein.
Ergänzen Sie ferner für Wasser das Wort für den jeweiligen Aggregatzustand.

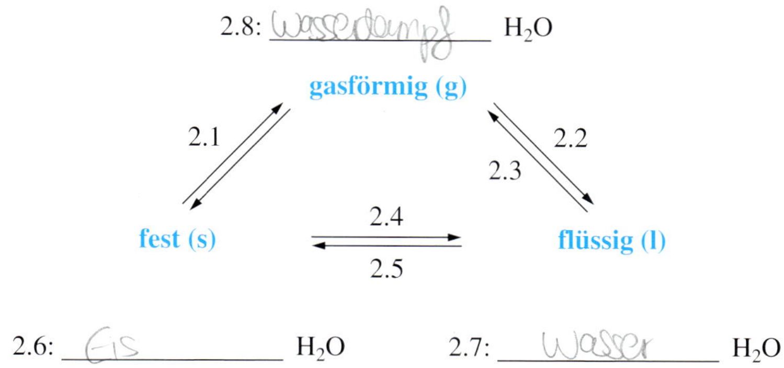

(2.1) sublimieren

(2.2) kondensieren

(2.3) verdampfen

(2.4) schmelzen

(2.5) erstarren

Trainieren und Zuordnen

(3) Kreuzen Sie bei folgenden Stoffgemischen an, um welche Art System es sich handelt.

	Stoffgemisch	homogen	Suspension	Emulsion	Aerosol
(3.1)	Milch			X	
(3.2)	Kochsalzlösung	X			
(3.3)	Ethanol/Wasser-Gemisch	X			
(3.4)	Benzin/Wasser-Gemisch			X	
(3.5)	Rauch, Feinstaub				X
(3.6)	Aktivkohle in Wasser		X		
(3.7)	Nebel				X
(3.8)	Essig/Öl-Salatdressing			X	
(3.9)	Luft	X			X

Trainieren und Zuordnen

(4) Wie ändern sich kinetische Energie und Ordnung der Teilchen eines Stoffes beim Wechsel der Aggregatzustände von fest über flüssig nach gasförmig?
Ordnen Sie die Aggregatzustände entsprechend.

Kinetische Energie: gas ________ > ________ > ________ (4.1) ✓

Ordnung: ________ > ________ > ________ (4.2)

Multiple Choice

(5) Welches der folgenden Systeme ist **nicht** homogen?

- **A** Atemluft
- **B** 2 M NaCl
- **C** Messing
- **D** Gold
- **E** Orangensaft

Multiple Choice

(6) Welche Aussage zu Wasserstoffbrückenbindungen trifft **nicht** zu?

- **A** Wenn sie sich ausbilden, erhöht sich der Siedepunkt einer Substanz.
- **B** Molekularer Wasserstoff (H_2) ist durch sie assoziiert.
- **C** Die Bindungsenergie liegt zwischen 10 und 20 kJ/mol.
- **D** Voraussetzung für ihre Bildung ist das Vorliegen eines H-Donors und eines Akzeptors (Atom mit freiem Elektronenpaar).
- **E** Sie sind bei Raumtemperatur zwischen Wassermolekülen wirksam.

Multiple Choice

(7) Vergleichen Sie Wasser (H_2O) mit Schwefelwasserstoff (H_2S).

1. Der Siedepunkt von H_2S ist niedriger als der von H_2O.
2. Die S–H-Bindung ist länger und weniger polarisiert als die O–H-Bindung.
3. Die Wassermoleküle sind stärker assoziiert als die H_2S-Moleküle.
4. Das O-Atom ist größer als das S-Atom.
5. Schwefel ist elektronegativer als Sauerstoff.

Welche Aussagen treffen zu?

- **A** Nur 1 und 2
- **B** Nur 1, 2 und 3
- **C** Nur 3 und 4
- **D** Nur 4 und 5
- **E** Alle Aussagen sind richtig

Netzdenken

(8) Lösen Sie das Kreuzworträtsel. Beginnen Sie das gesuchte Wort im Kästchen mit der Zahl. (ä = ae)

1. SI-Einheit für den Druck
2. Man bezeichnet so ein System, das nur aus einer Phase besteht.
3. Ein sich wiederholendes, dreidimensionales Muster eines Feststoffs
4. Phasenwechsel s → g (Verb)
5. Phasenwechsel s → l (Verb)
6. Beim Phasenwechsel l → s tritt sie mit dem Thermometer messbar auf
7. Geschlossener Behälter, in dem man mit Wasserdampf Geräte sterilisieren kann
8. Modifikation des Kohlenstoffs mit partieller elektrischer Leitfähigkeit
9. Temperatur bei der Phasenumwandlung s → l eines Stoffes
10. Bei 0 K wird er als absolut bezeichnet.
11. Element, das zu etwa 21% in der Erdatmosphäre enthalten ist
12. Kosmisches Element, kommt auf der Erde nicht frei vor
13. Sehr harte Modifikation des Kohlenstoffs
14. Temperatureinheit, deren Skala bei –273,15 °C beginnt
15. Ein Druck von 1,013 bar wird so genannt

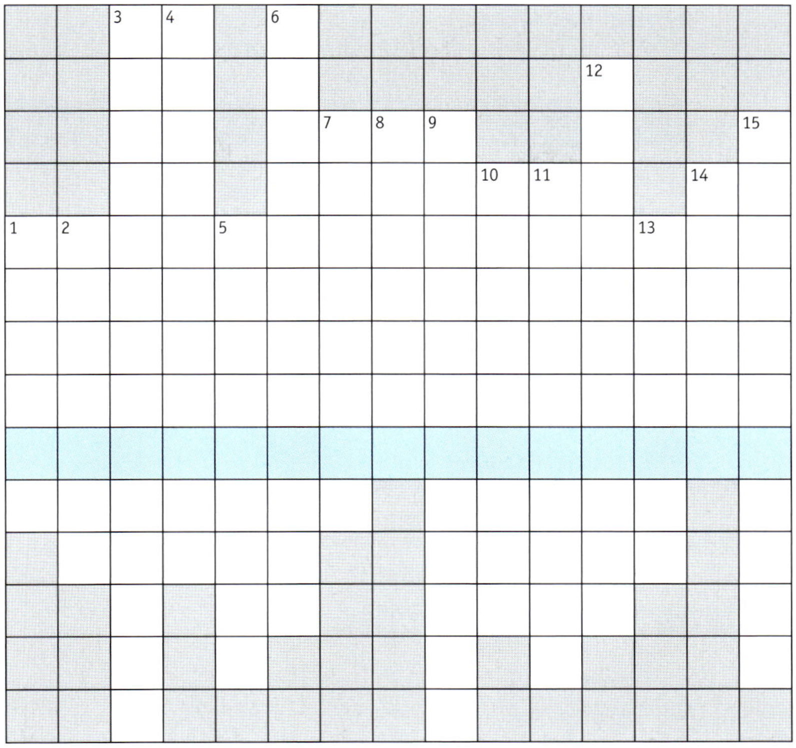

Lösungswort: ______________________

Multiple Choice

(9) Welche Aussage zum Kohlenstoff trifft **nicht** zu?

- **A** Kohlenstoff ist strukturbegabt.
- **B** C_{60}-Fulleren ist eine mögliche Modifikation.
- **C** Im Diamant liegt er *sp*^{3}-hybridisiert vor.
- **D** Graphit leitet den elektrischen Strom nur in Schichtrichtung.
- **E** Beim Erhitzen an der Luft wandelt sich Diamant in Graphit um.

Multiple Choice

(10) Wann spricht man von einer kolloidalen Lösung?

- **A** Wenn man mit dem Auge zwei Phasen sehen kann.
- **B** Wenn sich bei einer trüben Lösung ein Bodensatz bildet.
- **C** Wenn eine Lösung Makromoleküle mit einer Größe von 3–200 nm enthält.
- **D** Wenn eine Lösung ein schwer lösliches Arzneimittel enthält.
- **E** Wenn ein Stoff im Dispersionsmittel dispergiert wird.

Medizin und Alltag

(11) Kreuzen Sie an, ob die genannten Körperflüssigkeiten homogen oder heterogen sind.

		homogen	heterogen
(11.1)	Glaskörper im Auge		
(11.2)	Speichel		
(11.3)	Magensaft		
(11.4)	Harn		
(11.5)	Sperma		
(11.6)	Blut		
(11.7)	Schweiß		

5 Heterogene Gleichgewichte

Ouvertüre

(1) Ein heterogenes Gleichgewicht liegt vor, wenn sich ein Stoff auf zwei (1.1) oder mehr Stoffe (1.2) verteilt und sich an der Verteilung (1.3) unter definierten äußeren Bedingungen (1.4) nach einiger Zeit (1.5) nichts mehr ändert (1.6). Verteilungsprozesse sind keine chemischen (1.7) Reaktionen, vielmehr sorgen sie im menschlichen Körper für den Stofftransport (1.8). Heterogene Gleichgewichte sind die Basis für Trennverfahren (1.9), die in der analytischen (1.10) Chemie eine Rolle spielen.

Trainieren und Zuordnen

(2) Kreuzen Sie an, welche der folgenden Feststellungen richtig oder falsch sind.

		Richtig	Falsch
(2.1)	Bezogen auf die Polarität von Lösungsmittel und zu lösendem Stoff gilt: Gleiches löst sich in Gleichem.	X	
(2.2)	Polare Stoffe sind hydrophob.		X
(2.3)	Die Löslichkeit eines Stoffes hängt u. a. von der Temperatur ab.	X	
(2.4)	Bedeckt man einen großen Kochsalzkristall mit wenig Wasser, so entsteht nach einiger Zeit eine gesättigte Lösung.	X	
(2.5)	Wasser ist ein polares Lösungsmittel.	X	
(2.6)	Ether und Wasser sind in jedem Verhältnis mischbar.		X
(2.7)	Lipide sind hydrophob.	X	
(2.8)	Das Nernst-Verteilungsgesetz beschreibt die Verteilung eines Stoffes zwischen zwei nicht miteinander mischbaren flüssigen Phasen.	X	
(2.9)	Die Löslichkeit eines Gases in einer Flüssigkeit nimmt mit steigendem Druck ab.		X

Fortsetzung

		Richtig	Falsch
(2.10)	Das Henry-Dalton-Gesetz beschreibt die Verteilung eines Gases zwischen der Gasphase und einer Flüssigkeit.		
(2.11)	Gase können an der Oberfläche von Festkörpern nicht adsorbiert werden.		
(2.12)	Je feiner ein Adsorbens zermahlen wird, desto mehr kann es von einem Stoff adsorbieren.		
(2.13)	Adsorptionsvorgänge hängen nicht von der Temperatur ab.		

Multiple Choice

(3) Gegeben ist eine Substanz A mit einem Verteilungskoeffizienten $K = 0{,}25$ zwischen Ether und Wasser.
Nach dem Nernst-Verteilungsgesetz gilt: $K = \frac{c(\text{A})\ (\text{Oberphase})}{c(\text{A})\ (\text{Unterphase})}$

100 mL einer wässrigen Lösung von A werden mit 100 mL Ether zweimal extrahiert. Wie viel Prozent der ursprünglichen Menge von A befinden sich noch in der wässrigen Phase?

- **A** 20%
- **B** 36%
- **C** 40%
- **D** 64%
- **E** 80%

Lückentext

(4) Unter einfacher Diffusion versteht man den ______ausgleich (4.1) eines Stoffes aufgrund der ______bewegung (4.2) der Teilchen. Die Diffusionsfähigkeit und die Diffusions______ (4.3) eines Teilchens ist u.a. abhängig von seiner ______ (4.4), der ______ (4.5) und von der Viskosität des Lösungsmittels. Ob Diffusion durch eine Membran überhaupt möglich ist, hängt von deren ______ (4.6) ab. Eine Membran mit einer Porengröße um 10 nm wird als ______ (4.7) bezeichnet. Kleine Moleküle oder ______ (4.8) ebenso wie das Lösungsmittel Wasser selbst können hindurch ______ (4.9), große Moleküle wie z.B. Proteine oder ______ (4.10) werden zurückgehalten. Diese Eigenschaften werden in der Medizin für ein Verfahren genutzt, das ______ (4.11) heißt.
Befinden sich auf beiden Seiten einer ______ (4.12) Membran nur große Moleküle in unterschiedlicher Konzentration und können nur die Moleküle des ______ (4.13) durch die Membran wandern, so spricht man von ______ (4.14). Diffusion erfolgt hierbei in Richtung der ______ (4.15) Lösung. Ist das System im ______ (4.16), beobachtet man einen ______anstieg (4.17). Der nach Erreichen des Diffusionsgleichgewichtes auftretende Druck wird ______ (4.18) Druck genannt.

Multiple Choice

(5) Welche Aussage zum osmotischen Druck trifft **nicht** zu?

- **A** Er ist von der Größe und dem Ladungszustand der Teilchen abhängig.
- **B** Er ist von der Teilchenzahl in der Lösung abhängig.
- **C** Eine wässrige Lösung mit 1 mol/L NaCl ist gegenüber 1 mol/L Glucose hypertonisch.
- **D** Eine physiologische Kochsalzlösung (0,95 g NaCl in 100 g Wasser) ist gegenüber Erythrozyten isotonisch.
- **E** Meerwasser ist gegenüber den Körperflüssigkeiten hypertonisch und damit als Trinkwasser nicht geeignet.

Medizin und Alltag

(6) Erläutern Sie, warum man einen Flüssigkeitsverlust beim Menschen nicht mit destilliertem Wasser ausgleichen darf.

Lückentext

(7) Sind an einem Verteilungsvorgang an einer semipermeablen Membran (7.1) auch Ionen beteiligt, so spielt neben der Tendenz zum Konzentrations ausgleich (7.2) durch Diffusion (7.3) auch die Bedingung der Ladungs neutralität (7.4) eine Rolle. Ist das Produkt der Ionen konzentrationen (7.5) der wanderungsfähigen e^- (7.6) auf beiden Seiten der Membranen (7.7) gleich, so hat sich das Donnan -Gleichgewicht (7.8) eingestellt. Befinden sich auf einer Seite der Membran größere geladene Moleküle, so kann sich nach Erreichen des Donnan-Gleichgewichts (7.9) die Ionenkonzentration auf dieser Seite gegenüber der anderen erhöhen, was zu einem Anstieg (7.10) des osmotischen (7.11) Drucks führt. Das osmotische Ungleichgewicht führt zum Aufbau eines Membranpotenzials (7.12), auch Donnan-Potenzial genannt.

Trainieren und Zuordnen

(8) Um zwei Stoffe zu trennen, werden in der analytischen Chemie Unterschiede in den physikalischen Eigenschaften der Stoffe ausgenutzt. Welche Unterschiede sind für die nachfolgenden Trennverfahren verantwortlich?

(8.1) **Kristallisation:** ______

(8.2) **Extraktion:** ______

(8.3) **Destillation:** ______

(8.4) **Chromatographie:** ______

Trainieren und Zuordnen

(9) Verschiedene Arten der Chromatographie werden durch ein vorgesetztes Wort näher charakterisiert (z. B. *Säulen*-Chromatographie). Entscheiden Sie, ob die nachfolgenden Worte einen Bezug zur Chromatographie haben oder nicht.

F5

		Ja	Nein
(9.1)	Dünnschicht-		
(9.2)	Papier-		
(9.3)	Redox-		
(9.4)	Siede-		
(9.5)	Gas-		
(9.6)	Gel-		
(9.7)	Ionenaustausch-		
(9.8)	Osmo-		
(9.9)	Affinitäts-		
(9.10)	Hochdruckflüssigkeits-		
(9.11)	Dispersions-		
(9.12)	Laser-		

Multiple Choice

(10) Sie wollen zwei Substanzen durch Hochdruckflüssigkeits-Chromatographie trennen. Welche Angabe spielt für den Trennvorgang **keine** Rolle?

- **A** Druck
- **B** Temperatur
- **C** Zusammensetzung des Elutionsmittels
- **D** Volumen des erhaltenen Eluats
- **E** Art des Trägermaterials und seine Korngröße

Multiple Choice

(11) Die Verteilung eines gelösten Stoffes auf zwei Phasen wird durch das Nernst-Verteilungsgesetz beschrieben.
Welche Aussage trifft zu?

- **A** Der Verteilungskoeffizient K ist die Summe aus den Konzentrationen des Stoffes in den beiden Phasen.
- **B** Der Verteilungskoeffizient K ist von der Temperatur unabhängig.
- **C** Die Erhöhung der Konzentration des Stoffes in der einen Phase führt zur Erhöhung der Konzentration in der anderen Phase.
- **D** Nur im Gleichgewicht findet ein Stoffaustausch zwischen den Phasen statt.
- **E** Der Verteilungskoeffizient K eines Stoffes ist von der Art der zwei Phasen, auf die er verteilt wird, unabhängig.

Medizin und Alltag

(12) Der Mensch besteht zu etwa 60% aus Wasser. Dies entspricht etwa 42 L H_2O bei einem Körpergewicht von 70 kg.
Wie hoch ist die Konzentration eines wasserlöslichen Medikaments mit der molaren Masse 210 g/mol, wenn eine Tablette mit 210 mg des Medikaments eingenommen wird und sich dieses gleichmäßig im gesamten Körperwasser verteilt?

- **A** 210 nmol/L
- **B** 23,8 µmol/L
- **C** 42 mmol/L
- **D** 23,8 mol/L
- **E** 2,1 mmol/L

6 Chemische Reaktionen

Ouvertüre

(1) Chemische Reaktionen lassen sich durch Reaktions gleichungen (1.1) beschreiben. Diese werden in der Form aufgeschrieben, dass links des Reaktionspfeils die Ausgangsstoffe (= Edukte, 1.2) und rechts davon die Produkte (1.3) stehen. Generell gilt, dass sich die Atome der Elemente im Verhältnis ganzer (1.4) Zahlen miteinander vereinigen. Vor den einzelnen Verbindungen stehende Molekülzahlen (1.5) (Koeffizienten) haben die Funktion von Multiplikatoren, d.h. sämtliche Atome, aus denen die jeweilige Verbindung aufgebaut ist, werden entsprechend vervielfältigt [2 H_2O bedeutet z.B., dass 2 (1.6) Moleküle Wasser und damit 4 (1.7) H-Atome und 2 (1.8) O-Atome vorliegen]. Die Koeffizienten müssen so gewählt werden, dass die Gesamtmasse der Edukte gleich (1.9) der Gesamtmasse der Produkte ist (Gesetz von der Erhaltung der Masse). Gleichzeitig muss bei Beteiligung von Ionen (1.10) die Summe der Ladungen auf beiden Seiten des Reaktionspfeils gleich (1.11) sein (Gesetz von der Erhaltung der Ladung).
Chemische Gleichungen (= Reaktionsgleichungen) liefern qualitative Informationen über die beteiligten Stoffe, erlauben daneben aber auch ________ (1.12) Aussagen. Man kann sehen, in welchem Verhältnis die einzelnen Stoffe miteinander reagieren, und daraus berechnen, welche molaren Stoffmengen (1.13) (Einheit mol), Atom- oder Molekülmassen und bei Gasen auch welche Volumina (1.14) an der Reaktion beteiligt sind. Die chemische Gleichung bildet also die Grundlage für Stöchiometrische (1.15) Berechnungen.

Trainieren und Zuordnen

Hinweis: Zur Vorbereitung auf diese Aufgabe empfiehlt es sich, vorher Anhang A „Training-Extra" zu bearbeiten. Dort finden Sie allgemeine Hinweise zum Aufstellen chemischer Gleichungen.

(2) Vervollständigen Sie folgende Reaktionsgleichungen durch Angabe der Molekülzahlen *a* bis *d* und benennen Sie die Verbindungen. Allgemeine Form der Reaktionsgleichungen: $a\,A + b\,B \longrightarrow c\,C + d\,D$.

	Reaktion	Molekülzahlen	Verbindungsnamen
(2.1)	$a\,H_2 + b\,N_2 \longrightarrow c\,NH_3$	$a = 3$, $b = 1$ $c = 2$	A Wasserstoff B Stickstoff C Ammoniak
(2.2)	$a\,Fe + b\,O_2 \longrightarrow c\,Fe_2O_3$	$a = 6$, $b = 3$ $c = 3$	A Eisen B Sauerstoff C Eisenoxid
(2.3)	$a\,H_2SO_4 + b\,NaOH \rightleftarrows c\,Na_2SO_4 + d\,H_2O$	$a = 1$, $b = 2$ $c = 1$, $d = 2$	A Schwefelsäure B Natriumhydroxid C Natriumsulfat D Wasser
(2.4)	$a\,Zn + b\,HCl \longrightarrow c\,ZnCl_2 + d\,H_2$	$a = 1$, $b = 2$ $c = 1$, $d = 1$	A Zink B Wasserstoffchlorid C Zinkchlorid D Wasserstoff
(2.5)	$a\,P_2O_5 + b\,H_2O \longrightarrow c\,H_3PO_4$	$a = 1$, $b = 3$ $c = 2$	A Phosphorpentoxid B Wasser C Phosphorsäure

Fortsetzung

	Reaktion	Molekülzahlen	Verbindungsnamen
(2.6)	$a\,CO_2 + b\,H_2O \longrightarrow c\,C_6H_{12}O_6 + d\,O_2$	a = 6, b = 6 c = 1, d = 6	A Kohlenstoffdioxid B Wasser C Glukose D Sauerstoff
(2.7)	$a\,H_3PO_4 + b\,OH^{\ominus} \rightleftarrows c\,H_2O + d\,PO_4^{3\ominus}$	a = ___, b = ___ c = ___, d = ___	A B C D
(2.8)	$a\,Fe^{3\oplus} + b\,I^{\ominus} \rightleftarrows c\,I_2 + d\,Fe^{2\oplus}$	a = ___, b = ___ c = ___, d = ___	A B C D

F6

Trainieren und Zuordnen

(3) Vervollständigen Sie folgende Tabelle mit den gebräuchlichen stöchiometrischen Größen.

		Symbol/Definition	Einheit	Umrechnungen
(3.1)	Volumen	V	l	0,3 L = 300 mL
(3.2)	Masse	m	g	2800 mg = 2,8 g
(3.3)	Molmasse	$\frac{g}{r}$ M	g/mol	0,03 g/mol = 30 mg/mmol
(3.4)	Stoffmenge	n	mol	$3 \cdot 10^{-4}$ mol = $3 \cdot 10^{-1}$ mmol
(3.5)	Stoffmengenkonzentration	c	$c = \frac{n}{V}$	$4{,}5 \cdot 10^{-3}$ mol/L = $4{,}5 \cdot 10^{-6}$ mmol/L
(3.6)	Dichte	ρ	$\rho = \frac{m}{V}$	9,2 g/mL = ___ kg/L
(3.7)	Teilchenzahl			–

Rechnen mit Extrablatt

Hinweis: Zur Vorbereitung auf diese Aufgabe empfiehlt es sich, vorher Anhang A „Training-Extra" zu bearbeiten. Dort finden Sie allgemeine Hinweise zum Lösen stöchiometrischer Aufgaben, die anhand von Rechenbeispielen erläutert werden.

(4) (4.1) Wie viel g Salzsäure (HCl) enthalten drei Liter einer 0,5 M Lösung (relative Atommassen: H = 1, Cl = 35,5)?

A 36,50 g **B** 54,75 g **C** 109,5 g **D** 360,5 g **E** 547,5 g

(4.2) Wie viel g Magnesium müssen Sie nach folgender Gleichung einsetzen, um 0,8 g MgO zu erhalten (relative Atommassen: Mg = 24, O = 16)? Gleichung: $2\,Mg + O_2 \longrightarrow 2\,MgO$

A 0,12 g **B** 0,24 g **C** 0,48 g **D** 0,96 g **E** 1,0 g

(4.3) Durch Infusion sollen 3 mmol $Mg^{2\oplus}$-Ionen zugeführt werden. Dazu lösen Sie $MgCl_2$ in Wasser. Wie viel g $MgCl_2$ benötigen Sie? (relative Atommassen: Mg = 24, Cl = 35,5)

A 0,095 g **B** 0,178 g **C** 0,285 g **D** 1,78 g **E** 2,85 g

(4.4) Wie viel g Wasser können bei der Knallgasreaktion durch Umsetzung von 8 g Sauerstoff mit Wasserstoff maximal gewonnen werden (relative Atommassen: H = 1, O = 16)?

A 4,2 g **B** 4,5 g **C** 8,5 g **D** 9 g **E** 18 g

(4.5) Welches Volumen nehmen 0,5 mol Ethanol (C_2H_6O; relative Atommassen: C = 12, H = 1, O = 16; Dichte: 0,79 g/mL) ein?

A 18 mL   **B** 29 mL   **C** 36 mL   **D** 58 mL   **E** 87 mL

(4.6) a) Wie viel Liter Wasserstoff benötigen Sie, um 3,4 g Ammoniak herzustellen (relative Atommassen: H = 1, N = 14)? (Rechenhilfe: Gehen Sie davon aus, dass 1 Mol Wasserstoff ein Volumen von 22,4 L einnimmt.) b) Wie viel Gramm sind dies?
Ergebnis: a) 6,72 b) 0,6

(4.7) Für eine Infusion wollen Sie eine physiologische (= isotonische, 0,9%ige (w/w)) Natriumchloridlösung herstellen. Wie viel Gramm Natriumchlorid müssen Sie abwiegen, um 500 g Lösung herzustellen? **Ergebnis:** 4,5

Trainieren und Zuordnen

(5) Formulieren Sie für folgende Gleichgewichtsreaktionen das Massenwirkungsgesetz.

(5.1) $CH_3I + Cl^{\ominus} \rightleftharpoons CH_3Cl + I^{\ominus}$ $K = \frac{[CH_3I] \cdot [Cl^-]}{[CH_3Cl] \cdot [I^-]}$

(5.2) $HCl + NH_3 \rightleftharpoons Cl^{\ominus} + NH_4^{\oplus}$ $K =$ ______

(5.3) $NH_3 + H_2O \rightleftharpoons NH_4^{\oplus} + OH^{\ominus}$ $K =$ ______

(5.4) $a\,A + b\,B \rightleftharpoons c\,C + d\,D$ $K =$ ______

(5.5) Essigsäure + Ethanol $\rightleftharpoons$ Essigsäureethylester + Wasser $K =$ ______

Trainieren und Zuordnen

(6) Entscheiden Sie, ob die gegebene Feststellung zutrifft oder nicht.

		Richtig	Falsch
(6.1)	Die Enthalpie (H) eines Stoffes ist nicht von der Temperatur abhängig.		X
(6.2)	ΔH ist eine Maß für die Reaktionswärme.	X	
(6.3)	Eine Reaktion, bei der Wärme frei wird, bezeichnet man als exotherm ($\Delta H < 0$).	X	
(6.4)	In der Thermodynamik sind die Enthalpie (H) und die Entropie (S) Zustandsfunktionen.	X	
(6.5)	Die Entropie (S) ist ein Maß für die „Ordnung" eines Systems.	X	
(6.6)	Die Entropie (S) nimmt mit zunehmender Ordnung ab.	X	
(6.7)	Gas hat unter hohem Druck eine größere Entropie (S) als unter Normaldruck.		X
(6.8)	Ein Kochsalzkristall hat eine kleinere Entropie als dieselbe Menge Kochsalz in Lösung.	X	
(6.9)	Eine Bilayermembran hat eine größere Entropie (S) als die ungeordneten Phospholipide.		X
(6.10)	Gibbs' Freie Energie (ΔG) führt den Enthalpie- (ΔH) und den Entropieanteil (ΔS) einer Reaktion zusammen.	X	
(6.11)	Gibbs' Freie Energie (ΔG), die Enthalpie (ΔH) und die Entropie (ΔS) sind über die Gleichung $\Delta G = \Delta S - T\Delta H$ miteinander verknüpft.		X
(6.12)	Eine freiwillig ablaufende Reaktion bezeichnet man als endergon ($\Delta G < 0$).		X
(6.13)	Gibbs' Freie Energie (ΔG) ist temperaturabhängig.	X	

Fortsetzung

		Richtig	Falsch
(6.14)	Abnahme in der Enthalpie ($\Delta H < 0$) und Zunahme in der Entropie ($\Delta S > 0$) begünstigen eine Reaktion.	X	
(6.15)	Im Gleichgewichtszustand ist die Geschwindigkeit der Hin- und Rückreaktion gleich groß.	X	
(6.16)	Bei einer Reaktion im Gleichgewicht gilt $\Delta G \neq 0$.		X
(6.17)	ΔG^0 ist für eine Reaktion, die sich im Gleichgewicht befindet, eine konstante Größe, sofern Standardbedingungen eingehalten werden.	X	
(6.18)	ΔG^0 kann nicht mit Hilfe der Gleichgewichtskonstanten (K) bestimmt werden.		X
(6.19)	Durch Kopplung einer endergonen Teilreaktion mit einer stark exergonen Teilreaktion bleibt die Gesamtreaktion endergon.		X
(6.20)	Fließgleichgewichte sind typisch für geschlossene Systeme.		X
(6.21)	Ein Fließgleichgewicht kann nur durch Zufuhr von Energie aufrechterhalten werden.	X	
(6.22)	Wenn alle biochemischen Reaktionen im Körper den Gleichgewichtszustand erreicht haben, ist der Mensch tot.	X	

F6

Rechnen

(7) Gesucht ist die Reaktionsenthalpie $\Delta H_{C \rightarrow CO}$ der Umsetzung von Kohlenstoff (Graphit) mit Sauerstoff zu Kohlenmonoxid (Reaktion B). Diese ist experimentell nicht direkt messbar, da immer ein Gemisch aus CO und CO_2 entsteht. Hingegen ist die Reaktionsenthalpie $\Delta H_{C \rightarrow CO_2}$ der Umsetzung von Kohlenstoff mit überschüssigem Sauerstoff zu CO_2 (Reaktion A) bekannt. Auch die Reaktionsenthalpie $\Delta H_{CO \rightarrow CO_2}$ der Verbrennung von CO zu CO_2 (Reaktion C) ist gegeben.

(7.1) Berechnen Sie mit Hilfe des Satzes von Heß die gesuchte Reaktionsenthalpie für Reaktion B.

(7.2) Welche Auswirkung haben eine Erhöhung des Druckes und eine Erhöhung der Temperatur auf die Lage des Gleichgewichts von Reaktion C?

A: $C + O_2 \rightleftarrows CO_2$ $\Delta H = -393{,}8$ kJ/mol

B: $C + {}^1/_2\, O_2 \rightleftarrows CO$ $\Delta H = ???$

C: $CO + {}^1/_2\, O_2 \rightleftarrows CO_2$ $\Delta H = -283{,}2$ kJ/mol

(7.1) 110.6 kJ/mol

(7.2)

$N_2 + 3H_2 \rightarrow NH_3$

Rechnen mit Extrablatt

(8) (8.1) Formulieren Sie die Reaktionsgleichung für die Ammoniaksynthese aus den Elementen. $N_2 + 3H_2 \rightleftarrows 2NH_3$

(8.2) Berechnen Sie mit Hilfe der Gibbs-Helmholtz-Gleichung Gibbs' Freie Energie (ΔG^0) für diese Reaktion (Reaktionsenthalpie $\Delta H^0 = -92{,}28$ kJ/mol, Reaktionsentropie $\Delta S^0 = -198{,}9$ J mol^{-1} K^{-1}) unter Standardbedingungen.

(8.3) Handelt es sich unter Standardbedingungen bei 25 °C (= 298,15 K) um eine freiwillig ablaufende Reaktion?

(8.4) Wie lautet das Massenwirkungsgesetz für diese Reaktion?

? (8.5) Berechnen Sie mit Hilfe von ΔG^0 außerdem die Gleichgewichtskonstante K. Auf welcher Seite liegt das Gleichgewicht? (allgemeine Gaskonstante $R = 8{,}31$ J mol^{-1} K^{-1})

$\Delta G < 0 \Rightarrow$ exergon

$-32978 \frac{J}{mol}$

$K = \frac{[NH_3]^2}{[N_2] \cdot [H_2]^3}$

Trainieren und Zuordnen

(9) Wird in einer Gleichgewichtsreaktion ein Stoff gebildet, der in einer darauf folgenden Gleichgewichtsreaktion weiter umgesetzt wird, so spricht man von miteinander ______________ (9.1) Reaktionen. Auf beide Teilreaktionen lässt sich das ______________ (9.2) (MWG) anwenden, hieraus ergibt sich K_{ges} als ______________ (9.3) der Gleichgewichtskonstanten der Teilreaktionen. Wird in einer Teilreaktion wenig „Zwischenprodukt" gebildet und wird dieses in einer ________reaktion (9.4) verbraucht, führt dies gemäß dem Prinzip ______________ (9.5) zu einer Verschiebung des thermodynamisch ungünstigeren Gleichgewichts. Durch die Kopplung einer endergonen Teilreaktion mit einer stark exergonen wird also auch die Gesamtreaktion ______________ (9.6), sodass man das Prinzip der gekoppelten Reaktionen häufig im ______________ (9.7) findet.

In Lebewesen kommen ______________ (9.8) Systeme, bei denen kein ________ (9.9) und ______________ (9.10) -austausch mit der Umgebung stattfindet, praktisch nicht vor. D.h. ein Gleichgewicht im thermodynamischen Sinn kann sich gar nicht erst einstellen, da sich das MWG nicht anwenden lässt. Erfolgen zwei miteinander gekoppelte Teilreaktionen jedoch gleich schnell, liegt das Zwischenprodukt in konstanter ______________ (9.11) vor (= steady state, stationärer Zustand), denn das „Zwischenprodukt" fließt praktisch durch das System. Man spricht auch von einem ______________ (9.12).

Netzdenken

(10) Lösen Sie das Kreuzworträtsel. Beginnen Sie das gesuchte Wort im Kästchen mit der Zahl. (ä = ae)

1 Die mit *R* abgekürzte Konstante heißt allgemeine ______________.
2 Einheit der absoluten Temperatur
3 Einheit der Stoffmenge *n*
4 Das Symbol *K* im Massenwirkungsgesetz steht für die ______________-Konstante.
5 Eine umkehrbare Reaktion ist ______________.
6 Wofür steht die Abkürzung ppm?
7 Thermodynamische Größe, die mit *S* abgekürzt wird
8 Eine freiwillig ablaufende Reaktion ist ______________.
9 Die Zelle ist ein ______________ System.
10 ΔG ist ein Maß für die ______________ einer Reaktion.
11 Stehen in der Reaktionsgleichung links vom Pfeil
12 Eine Reaktion, bei der Wärme zugeführt werden muss, ist ______________.
13 Die Stoffmengenkonzentration wird auch ______________ genannt.
14 Das Massenwirkungsgesetz lässt sich nur auf ______________-Reaktionen anwenden.
15 Thermodynamische Größe, die mit *H* abgekürzt wird
16 Im Gleichgewicht sind die Geschwindigkeiten für die Hin- und die Rückreaktion ______________.
17 Eine wichtige Gleichung zur Berechnung von ΔG heißt ______________-______________-Gleichung.
18 Eine Energieform
19 Die Entropie ist ein Maß für die ______________ eines Systems.
20 Stöchiometrische Größe, die mit *n* abgekürzt wird.

Lösungssatz: ______________________________

F6

Multiple Choice

(11) Zu einer chemischen Reaktion, bei der sich das Gleichgewicht eingestellt hat, werden folgende Angaben gemacht:

1. Alle Komponenten haben aufgehört zu reagieren.
2. Hin- und Rückreaktion haben die gleiche Geschwindigkeit.
3. Im Gleichgewicht ist $\Delta G = 0$.
4. Die Konzentration der Reaktionspartner ist konstant.
5. Die Konzentration der Reaktionspartner ändert sich ständig.

Welche Angaben sind **richtig**?

- **A** Nur 1 und 3
- **B** Nur 4
- **C** Nur 1 und 5
- **D** Nur 2 und 5
- **E** Nur 2, 3 und 4

Multiple Choice

(12) Zum Massenwirkungsgesetz (MWG) werden folgende Angaben gemacht:

1. Die Gleichgewichtskonstante *K* ist temperatur- und druckabhängig.
2. Das MWG gilt streng nur für konzentrierte Lösungen.
3. Bei einer Gasreaktion verwendet man statt der Konzentration den Partialdruck.
4. Eine Gleichgewichtskonstante $K > 1$ zeigt an, dass die Edukte im Gleichgewicht überwiegen.
5. Die Gleichgewichtskonstante *K* hat die Dimension g/L.

Welche Angaben sind **richtig**?

- **A** Nur 1
- **B** Nur 1 und 3
- **C** Nur 4 und 5
- **D** Nur 2, 3 und 5
- **E** Nur 1, 3 und 4

Multiple Choice

(13) Die Knallgasreaktion ist die Basis für die Atmungskette im Stoffwechsel.
Welche Aussage trifft **nicht** zu?

- **A** Wasserstoff und Sauerstoff reagieren zu Wasser.
- **B** Die Reaktion ist exotherm.
- **C** Die Reaktion ist exergon.
- **D** Die Reaktionsentropie ΔS^0 nimmt zu.
- **E** Wasserstoff und Sauerstoff reagieren im Verhältnis 2 : 1 miteinander.

Multiple Choice

(14) Betrachten Sie die Körpertemperatur des Menschen.
Welche Aussage trifft **nicht** zu?

- **A** Sie ist in allen Körperbereichen gleich.
- **B** Sie unterliegt einem Tagesrhythmus.
- **C** Fieber trägt bei Infektionskrankheiten zur Zerstörung der Erreger bei.
- **D** Krebskranke haben häufig eine verminderte Tendenz, Fieber auszulösen.
- **E** Die Kerntemperatur (rektal) liegt bei 37,4 °C.

7 Salzlösungen

Ouvertüre

(1) Verbindungen, die in festem Zustand aus Ionen aufgebaut sind, heißen ______ (1.1). Sie dissoziieren beim Lösen in Wasser. Hierbei werden die positiv geladenen ______ (1.2) und die negativ geladenen ______ (1.3) durch die Wassermoleküle aus dem ______ (1.4) herausgelöst und voneinander getrennt. Für das Aufbrechen des ______ (1.5) wird Energie benötigt, die ______ (1.6) (ΔH_U). Die gelösten ______ (1.7) liegen im Wasser nicht ______ (1.8) vor, sondern werden von Wassermolekülen eingehüllt, es entsteht die so genannte ______ (1.9). Dieser Vorgang heißt ______ (1.10) (allgemein: Solvatation). Ionen mit kleinem Radius bauen eine ______ (1.11) Hydrathülle auf als größere Ionen mit gleicher Ladung ($Li^{\oplus} < Na^{\oplus}$ aber $Li^{\oplus}_{aq} > Na^{\oplus}_{aq}$). Das Wasser in der ______ (1.12) der Ionen wird über ______-Wechselwirkungen (1.13) gebunden. Bei diesem Prozess der ______ (1.14) von Ionen wird Energie ______ (1.15), die ______ (1.16) (ΔH_H).

Abhängig von der Energie ________ (1.17) beobachtet man beim Lösen eines Salzes in Wasser verschiedene ________ effekte (1.18). Ist die aufzuwendende Gitterenergie (1.19) kleiner als die freiwerdende Hydratationsenthalpie (1.20), so erwärmt sich die Lösung, der Vorgang ist exotherm (1.21). Im umgekehrten Fall tritt eine Abkühlung ein, der Vorgang ist endotherm (1.22). Die Summe aus den Energieanteilen nennt man ________ (1.23) (ΔH_L).

Rechnen mit Extrablatt

(2) (2.1) Wie hoch ist die Lösungsenthalpie (ΔH_L) von $MgCl_2$, wenn die Gitterenergie des Salzes 2525 kJ/mol beträgt und bei der Hydratation der Ionen 1618 kJ/mol ($Mg^{2\oplus}$) bzw. 376 kJ/mol ($Cl^{\ominus}$) frei werden? Kommt es beim Lösungsprozess zur Erwärmung oder Abkühlung?

Ergebnis: ΔH_L = ________ kJ/mol, Erwärmung/Abkühlung

(2.2) Durch Infusion sollen 5 mmol $Mg^{2\oplus}$-Ionen zugeführt werden. Dazu lösen Sie $MgCl_2$ in Wasser. Wie viel Gramm $MgCl_2$ benötigen Sie, um die oben gestellte Anforderung zu erfüllen? (relative Atommassen: Mg = 24,3, Cl = 35,5)

Ergebnis: ________ g

Trainieren und Zuordnen

(3) Entscheiden Sie, ob die nachfolgenden Aussagen richtig oder falsch sind?

		Richtig	Falsch
(3.1)	Salze haben wegen ihrer hohen Gitterenergie hohe Schmelzpunkte.	X	
(3.2)	Ein Salz löst sich nur dann in Wasser, wenn die Hydratationsenergie größer ist als die Gitterenergie.		X
(3.3)	Salze bilden Ionengitter, in denen die Valenzelektronen frei beweglich sind.		X
(3.4)	Schmelze und wässrige Lösungen von Salzen leiten den elektrischen Strom.	X	
(3.5)	Salze sind starke Elektrolyte, d. h. der gelöste Anteil in Wasser ist vollständig dissoziiert.	X	
(3.6)	Schwer lösliche Salze sind schwache Elektrolyte.		X
(3.7)	Salze bilden sich bevorzugt aus Elementen mit deutlich unterschiedlicher Elektronegativität.	X	
(3.8)	Die Energie, die bei der Bildung von Ionenkristallen aus den Ionen frei wird, nennt man Gitterenergie.	X	
(3.9)	Zweiwertige Kationen können nur mit zweiwertigen Anionen Salze bilden.		X
(3.10)	Alle Salze sind gut wasserlöslich.		X
(3.11)	Salze können sich in Wasser sowohl exotherm als auch endotherm lösen.	X	
(3.12)	Der Elektrolythaushalt beim Menschen wird über die Leber reguliert.		X

Trainieren und Zuordnen

(4) Wasserfreies $CaCl_2$ löst sich in Wasser unter Erwärmung. $CaCl_2 \times 6\ H_2O$ löst sich in Wasser unter Abkühlung. Wie kommt es zu dem Unterschied?

Trainieren und Zuordnen

(5) Suchen Sie aus der Wörterliste (mit einem Code-Buchstaben gekennzeichnet) die Angabe heraus, die in den Text passt. Die im Text hinter der 5 stehende Ziffer markiert den Platz des Buchstabens im Lösungswort.

Quantitativ lässt sich die Löslichkeit eines Salzes durch das Löslichkeitsprodukt (5.1) beschreiben, das sich aus dem Massenwirkungs-gesetz (5.2) ableiten lässt. Der Wert für Lp errechnet sich aus dem Produkt der Konzentrationen (5.3) der gelösten Ionen. Bei vorgegebener Temperatur ist Lp für ein Salz ______ (5.4). Je kleiner der Wert von Lp ist, desto größer (5.5) ist die Löslichkeit (5.6).
Ein Salz fällt aus seiner Lösung aus, sobald das Produkt der Konzentrationen der gelösten Ionen größer (5.7) als Lp ist. Die Lösung ist in dem Fall gesättigt (5.8), es bildet sich ein Niederschlag. Dies wird in der Analytik genutzt, denn der auftretende Niederschlag kann zur qualitativen (5.9) Bestimmung einer Ionensorte oder auch zur Bestimmung der Menge einer Ionensorte in der ______ (5.10) Analyse dienen. Das ______ (5.11) zwischen gelösten Ionen und Bodenkörper ist dynamisch und heterogen (5.12).

D konstant	**A** Gleichgewicht	**L** quantitativen ✓
H qualitativen	**I** Massenwirkungs	**E** Konzentrationen
E geringer	**S** größer	**N** Löslichkeitsprodukt ✓
C gesättigt	**R** Löslichkeit	**G** heterogen

Lösungswort:

1	2	3	4	5	6	7	8	9	10	11	12
N	I	C		E	R	S	G	H	L	A	G

Trainieren und Zuordnen

(6) Ergänzen Sie in folgender Tabelle für jedes Salz die Formel, das jeweilige Löslichkeitsprodukt und dessen Einheit.

	Salz	Formel	Löslichkeitsprodukt	Einheit Lp
(6.1)	Silberchlorid	AgCl	Lp =	
(6.2)	Bariumchlorid	$BaCl_2$	Lp =	
(6.3)	Silbersulfid	Ag_2SO_4	Lp =	
(6.4)	Calciumphosphat	$Ca_2(PO_4)^{2-}$	Lp =	

Rechnen mit Extrablatt

(7) (7.1) Es liegen zwei Lösungen vor, von denen die eine 0,1 mol/L $Cu^{2\oplus}$-Ionen, die andere 0,1 mol/L $Pb^{2\oplus}$-Ionen enthält. Welches Metallsulfid fällt aus, wenn man zu je 0,5 L der Lösungen jeweils 0,5 L H_2S-Wasser gibt, das 10^{-23} mol/L $S^{2\ominus}$-Ionen enthält?

$Lp(PbS) = 10^{-28}$ mol²/L², $Lp(CuS) = 10^{-30}$ mol²/L²

Ergebnis: ______

(7.2) Wie viel mol und wie viel Gramm Chlorid-Ionen befinden sich in 10 L einer gesättigten AgCl-Lösung?

$Lp(AgCl) = 2 \cdot 10^{-10}$ mol²/L²; relative Atommassen: Ag = 108, Cl = 35,5

Ergebnis: ______ mol, ______ g

(7.3) Wie viel mg $BaSO_4$ (M = 233 g/mol) lösen sich in 10 mL Wasser und wie viele $Ba^{2\oplus}$-Ionen sind in der Lösung enthalten?

$Lp(BaSO_4) = 10^{-10}$ mol^2/L^2, Avogadro-Konstante: $6{,}02 \cdot 10^{23}$ mol^{-1}

Ergebnis: ________ mg; __________ $Ba^{2\oplus}$-Ionen

(7.4) Welche Konzentration $Ca^{2\oplus}$-Ionen liegt in einer gesättigten CaF_2-Lösung vor?

$Lp(CaF_2) = 4 \cdot 10^{-11}$ mol^3/L^3

Ergebnis: __________ mol/L

Multiple Choice

(8) Mit Hilfe welcher Größe kann man ein schwer lösliches Salz von einem leicht löslichen unterscheiden?

- **A** Ladung der Ionen
- **B** Dissoziationsgrad
- **(C)** Gitterenergie
- **D** Lösungsenthalpie in kJ/mol
- → **E** Keine der genannten Größen ermöglicht eine Unterscheidung

Multiple Choice

(9) Wie ist das Löslichkeitsprodukt definiert, wenn eine gesättigte wässrige Lösung eines Salzes mit Bodenkörper im Gleichgewicht steht?

- **A** Die Löslichkeit des Salzes in mol/L
- **B** Das Gewicht des tatsächlich gelösten Salzes in Gramm
- **C** Das Produkt aus der Menge des gelösten Salzes und des Wassers
- **D** Das Produkt der Konzentrationen von gelöstem und ungelöstem Salzanteil
- **E** Keine der vorstehenden Angaben trifft zu

Lückentext

(10) Die Zerlegung von in Wasser gelösten Salzen durch Anlegen von Gleichstrom heißt __Elektrolyse__ (10.1). Die Leitfähigkeit der Lösung wird nicht durch Elektronenwanderung, sondern durch die Wanderung von __Ionen__ (10.2) erreicht. Stoffe, die den Strom auf diese Weise leiten, heißen __Elektrolyte__ (10.3). Bei diesem Prozess wandern die Anionen zur __Anode__ (10.4) (Pluspol) und geben dort __e⁻__ (10.5) ab, sie werden __oxidiert__ (10.6). Die Kationen wandern zur __Kathode__ (10.7) (Minuspol), sie nehmen dort __e⁻__ (10.8) auf und werden reduziert.

Merke: **Oxidation** gehört zur **Anode** (beide Worte fangen mit einem Vokal an und enthalten ein „a") **Reduktion** gehört zur **Kathode** (beide Worte beginnen mit einem Konsonanten und enthalten ein „k")

Netzdenken

(11) Lösen Sie das Kreuzworträtsel. Beginnen Sie das gesuchte Wort im Kästchen mit der Ziffer. (ö = oe)

1 Wie sind Kationen geladen?
2 Trivialname für NaCl
3 Welches Metall entsteht bei der Elektrolyse von $AgNO_3$?
4 Freisetzung der Ionen eines Salzes in Wasser
5 In Wasser gelöste Ionen sind es
6 Wodurch leiten Elektrolytlösungen den elektrischen Strom?
7 Ein anderes Wort für „Bodensatz“ einer gesättigten Lösung
8 Zerlegung von Salzen durch Gleichstrom
9 Salz als Nachweisreagens für Chlorid-Ionen
10 Energiegröße, die beim Lösen eines Salzes in Wasser eine Rolle spielt
11 Wird als Röntgenkontrastmittel verwendet
12 Komplexes Salz, das am Aufbau des menschlichen Skeletts beteiligt ist
13 Zellflüssigkeit
14 Die zweiwertigen Ionen von welchem Metall kommen im Innern der Zellen häufiger vor als $Ca^{2\oplus}$?

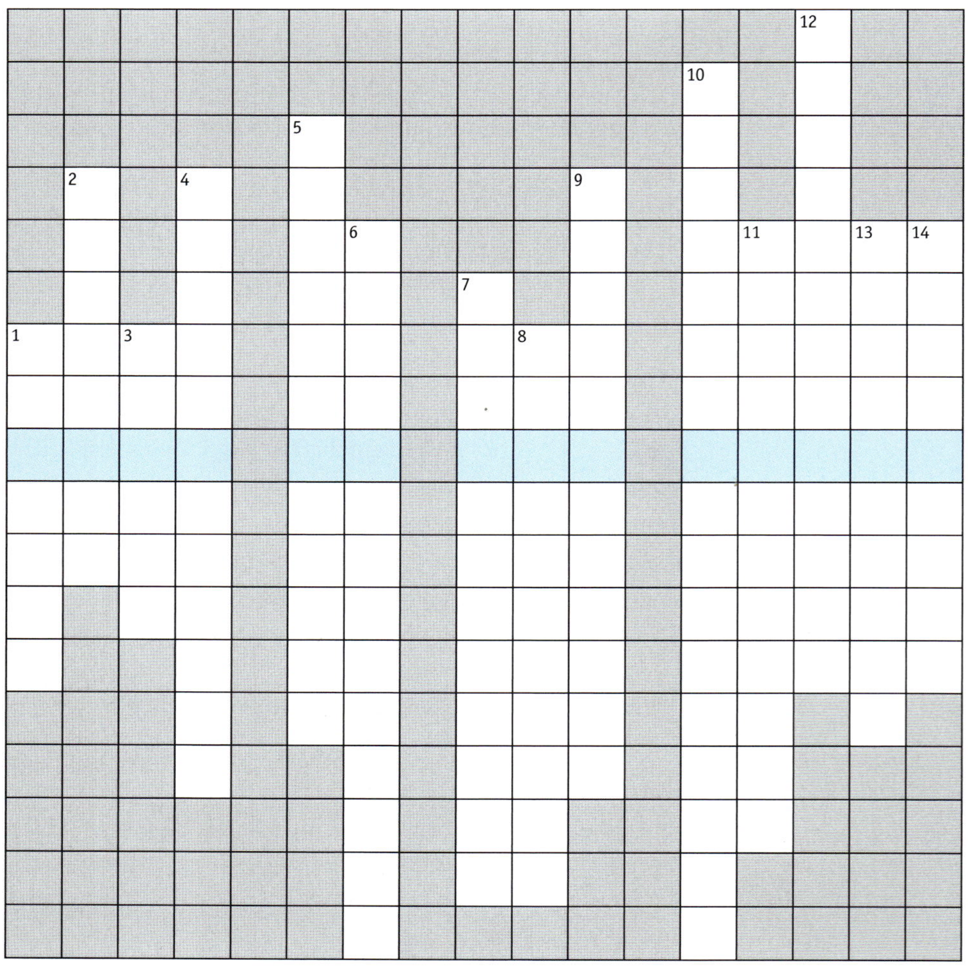

Lösungssatz: ______ ______ ______ ____________

Multiple Choice

(12) 10 g eines Salzes sollen in 100 mL Wasser gelöst werden. Trotz längerem Umschütteln bleibt die Lösung trübe und es setzt sich ein Niederschlag ab.
Was liegt **nicht** vor?

- **A** Eine gesättigte Lösung
- **B** Eine 10%ige Lösung
- **C** Ein heterogenes System
- **D** Ein System, in dem das Löslichkeitsprodukt des Salzes erreicht ist
- **E** Ein System, in dem ein dynamisches Gleichgewicht herrscht

Medizin und Alltag

(13) Welche Aussage zum Vorkommen von Ionen im menschlichen Körper trifft **nicht** zu?

- **A** $Ca^{2\oplus}$ ist ein Bestandteil des Knochengerüsts.
- **B** Die Gesamtkonzentration aller Ionen im Cytoplasma ist weitgehend konstant.
- **C** Wechselwirkungen von Ionen mit Enzymen sind ohne Bedeutung.
- **D** Bei der Nervenreizleitung spielen $Na^{\oplus}$- und $K^{\oplus}$-Ionen eine Rolle.
- **E** Die Verteilung von Ionen in verschiedenen Körperflüssigkeiten ist unterschiedlich.

Medizin und Alltag

(14) Barium-Ionen ($Ba^{2\oplus}$) sind ein starkes Gift. 2–4 g einer löslichen Bariumverbindung sind für den Menschen tödlich. Trotzdem verwendet man $BaSO_4$ bei Röntgenaufnahmen als Kontrastmittel im Magen-Darm-Trakt.
Dies ist ungefährlich, **weil**

- **A** die Röntgenstrahlen $Ba^{2\oplus}$ in $Ca^{2\oplus}$ umwandeln.
- **B** das Löslichkeitsprodukt von $BaSO_4$ sehr klein ist.
- **C** das Löslichkeitsprodukt von $BaSO_4$ variabel ist.
- **D** die Magenflüssigkeit sauer ist und das Löslichkeitsprodukt vom pH-Wert abhängt.
- **E** $BaSO_4$ von der Darmflora besonders rasch abgebaut wird.

8 Säuren und Basen

Ouvertüre

(1) Nach Brönsted sind Säuren Protonen______________ (1.1) und Basen Protonen ______________ (1.2). Damit eine Verbindung als Säure reagieren kann, muss sie ein ______________ (1.3) Proton besitzen. Eine Base muss über ein __________ (1.4) Elektronenpaar verfügen. Eine Reaktion zwischen Säure und Base, bei der es zur Übertragung von ________ (1.5) kommt, bezeichnet man auch als ______________________ (1.6). Dabei stellt sich ein _____________ (1.7) ein, an dem zwei ________________ (1.8) Säure-Base-Paare beteiligt sind. Findet eine Protolysereaktion in wässriger Lösung statt, so ist _________ (1.9) der jeweilige Reaktionspartner. Beim Lösen der Säure in Wasser dissoziiert diese zunächst in ein ________ (1.10) und ein __________ (1.11). Protonen kommen jedoch nicht frei als $H^{\oplus}$-Ionen vor, sie bilden mit Wasser ___________-Ionen (1.12, $H_3O^{\oplus}$), die ihrerseits durch mehrere Wassermoleküle _______________ (1.13) sind ($H_3O^{\oplus}_{aq}$).
Ein Maß für die Tendenz einer Säure, ihr Proton abzugeben, ist die ______________ (1.14) (pK_s-Wert). Starke Säuren haben __________ (1.15) pK_S-Werte, schwache Säuren haben ___________ (1.16) pK_S-Werte. Kann eine Säure mehrere Protonen abgeben, so ist sie _________________ (1.17), Schwefelsäure z. B. ist _____________ (1.18), _____________ (1.19) ist dreiprotonig.

Eine Verbindung, die in Abhängigkeit vom Reaktionspartner sauer oder ________ (1.20) reagieren kann, bezeichnet man als ______________ (1.21). Reagieren eine Säure und eine Base miteinander, so heben sie sich in ihren Wirkungen gegenseitig auf und bilden ein ______ (1.22) und ________ (1.23). Diesen Prozess bezeichnet man als ______________ (1.24). Dabei reagieren die bei der Dissoziation von Säure und Base gebildete ___________- (1.25) und __________-Ionen (1.26) zu undissoziiertem ___________ (1.27). (Gleichung: _______________________, 1.28).

Trainieren und Zuordnen mit Extrablatt

(2) Vervollständigen Sie folgende Tabelle konjugierter Säure-Base-Paare (Beachten Sie: konjugierte Säure-Base-Paare beziehen sich immer nur auf eine Dissoziationsstufe).

	Name der Säure	Summenformel Säure	Summenformel Base	Name der Base
(2.1)	Chlorwasserstoff; (in Wasser: Salzsäure)			
(2.2)		CH_3-COOH		
(2.3)		H_2SO_4		
(2.4)				Dihydrogenphosphat
(2.5)			$HCO_3^{\ominus}$	
(2.6)	Hydrogencarbonat			
(2.7)		$NH_4^{\oplus}$		

Trainieren und Zuordnen mit Extrablatt

(3) Bei welchen Verbindungen handelt es sich um Ampholyte? Zeichnen Sie die Strukturformeln nur der Ampholyte auf einem Extrablatt und markieren Sie die aciden Protonen bzw. die basischen Gruppen.

		ja	nein
(3.1)	R-CH(NH_2)-COOH		
(3.2)	H_2SO_4		
(3.3)	H_3C-$COO^{\ominus}$		
(3.4)	H_2O		
(3.5)	$HPO_4^{2\ominus}$		
(3.6)	$HCO_3^{\ominus}$		
(3.7)	HOOC-COOH		

Trainieren und Zuordnen

(4) Formulieren Sie das Säure-Base-Gleichgewicht für die Reaktion von Ammoniak in Wasser. Kennzeichnen Sie die jeweils konjugierten Säure-Base-Paare. Wie berechnet man den K_b-Wert von Ammoniak?

Trainieren und Zuordnen

(5) Gegeben sind folgende Verbindungen: Schwefelsäure (1. Stufe), Wasser, Essigsäure und Oxalsäure (1. Stufe). Formulieren Sie die Strukturformeln der Säuren und ordnen Sie diese Verbindungen nach abnehmender Säurestärke. Es stehen folgende pK_s-Werte zur Verfügung: 15,7; –3; 4,8; 1,3.

pK_s	____ > (5.1)	____ > (5.2)	____ > (5.3)	____ > (5.4)
Strukturformel				

Trainieren und Zuordnen

(6) Entscheiden Sie, ob die gegebenen Feststellungen richtig oder falsch sind.

		Richtig	Falsch
(6.1)	Der pH-Wert ist als negativer dekadischer Logarithmus der Hydronium-Ionenkonzentration definiert, $pH = -\log [H_3O^{\oplus}]$.		
(6.2)	Der pOH-Wert ($pOH = -\log[OH^{\ominus}]$) von Wasser beträgt 14.		
(6.3)	Für eine neutrale Lösung gilt: pH = 0.		
(6.4)	Unter Autoprotolyse des Wassers versteht man die Reaktion des amphoteren Wassers mit sich selbst.		
(6.5)	Das Ionenprodukt des Wassers beträgt $K_w = [H_3O^{\oplus}] + [OH^{\ominus}] = 10^{-7}$ mol/L.		
(6.6)	Der pH-Wert der wässrigen Lösung von starken Säuren (HA) beträgt $pH = -\log[HA]$.		
(6.7)	Der pH-Wert der wässrigen Lösung von schwachen Säuren (HA) beträgt $pH = \frac{1}{2} (pK_s - \log[HA])$.		
(6.8)	Der pH-Wert einer Säure kann auch bei hoher Konzentration der Säure nicht negativ werden.		
(6.9)	pH = 0 gibt keinen Sinn.		
(6.10)	Für eine schwache Säure und ihre konjugierte Base gilt $pK_s + pK_b = 14$.		
(6.11)	Für eine 10^{-9} M Salzsäure gilt pH = 9.		
(6.12)	Die pH-Bestimmung mithilfe von Indikatoren ist im Vergleich zur Bestimmung mit einer Glaselektrode sehr viel genauer.		

Rechnen mit Extrablatt

(7) (7.1) Sie verdünnen eine Salzsäurelösung um das 100-Fache und messen dann einen pH-Wert von 4. Welchen pH-Wert hatte die Lösung vor dem Verdünnen?

- **A** pH = 2
- **B** pH = 3
- **C** pH = 4
- **D** pH = 5
- **E** pH = 6

(7.2) Für die Neutralisation von 20 mL Magensaft verbraucht man 60 mL 0,1 M NaOH. Wie groß ist etwa die Molarität der im Magensaft enthaltenen Salzsäure?

A 0,1 M
B 0,2 M
C 0,3 M
D 0,4 M
E 0,6 M

(7.3) Sie wollen 4,9 g Schwefelsäure mit NaOH vollständig neutralisieren. Wie viel mL 0,1 M NaOH benötigen Sie bis zum Äquivalenzpunkt? (relative Atommassen: H = 1, O = 16, S = 32)

A 50 mL
B 100 mL
C 250 mL
D 500 mL
E 1000 mL

(7.4) Eine Salzsäurelösung hat einen pH-Wert von 1,3. Welche Konzentration (mol/L) hat die HCl-Lösung?

Ergebnis: ____________________

(7.5) Für die Titration von 25 mL NH_3-Lösung wurden 20 mL 0,5 M Schwefelsäure bis zum Äquivalenzpunkt verbraucht. a) Wie viel g NH_3 befanden sich in den 25 mL und b) wie viel molar war die Lösung? (relative Atommassen: N = 14, H = 1)

Ergebnis: a) ____________________ b) ____________________

(7.6) Es sollen 20 g NaOH neutralisiert werden (relative Atommassen: H = 1, Na = 23, Cl = 35,5, S = 32, O = 16). Man braucht dazu:

A 26,5 g HCl
B 1 Liter 1 M HCl
C 24,5 g H_2SO_4
D 0,5 Liter 1 M H_2SO_4
E 2 Liter 0,1 M HCl

(7.7) Wie viel Gramm der Säure enthalten 10 mL 0,1 M H_3PO_4? (relative Atommassen: H = 1, O = 16, P = 31)

Ergebnis: ____________________

(7.8) Wie viel mL 0,1 M NaOH benötigen Sie, um 196 mg H_3PO_4 bis zur 2. Stufe zu neutralisieren? Formulieren Sie die Neutralisationsgleichung!

Ergebnis: ____________ Gleichung: ____________________

Trainieren und Zuordnen

(8) Benennen Sie folgende Salze und geben Sie an, ob eine wässrige Lösung dieser Salze neutral, sauer oder basisch reagiert.

(8.1) CH_3COONa	(8.2) $NaHSO_4$	(8.3) NaCl	(8.4) Na_2CO_3
Natriumacetat			
		neutral	

(8.5) K_2HPO_4	(8.6) NH_4Cl	(8.7) $NaHCO_3$	(8.8) HCOOK

Lückentext

(9) Eine Pufferlösung ist eine wässrige Lösung, die durch Mischung z. B. einer ______ (9.1) Säure und ihrer korrespondierenden Base entsteht. Der pH-Wert einer Pufferlösung bleibt bei Zugabe geringer Mengen starker Säure oder Base nahezu ______ (9.2). Der pH-Wert lässt sich mithilfe der ______-Gleichung (9.3) berechnen: $pH = pK_s + \log[Base]/[Säure]$. Demnach sind der ______ (9.4) der Säure und das Konzentrationsverhältnis [Base]/[Säure] für den pH-Wert bestimmend. Je weniger dieses Konzentrationsverhältnis von ______ (9.5) abweicht und je stärker ______ (9.6) die Lösung ist, umso größer ist die ______ (9.7). Der Einsatzbereich von Pufferlösungen liegt bei pH = ______ (9.8). Am ______ (9.9) ist der pH-Wert der Pufferlösung gleich dem pK_s-Wert der Säure (des Protonendonators).

Trainieren und Zuordnen mit Extrablatt

(10) (10.1) 10 mL einer 0,1 M Essigsäurelösung werden mit 0,1 M NaOH titriert. Skizzieren Sie die Titrationskurve und kennzeichnen Sie Neutral- und Äquivalenzpunkt und den Pufferbereich. Berechnen Sie den Anfangs-pH-Wert der Säurelösung. Geben Sie an, wie viel mL NaOH bis zum Äquivalenzpunkt zugegeben wurden ($pK_s = 4{,}8$).

Ergebnis: Anfangs-pH: ______, Zugabe NaOH: ______

(10.2) Skizzieren Sie die Titrationskurve der Titration von 10 mL 0,1 M HCl mit 0,1 M NaOH. Kennzeichnen Sie Neutral- und Äquivalenzpunkt und berechnen Sie den Anfangs-pH-Wert.

Ergebnis: Anfangs-pH: ______

Rechnen mit Extrablatt

(11) (11.1) Sie stellen einen Liter eines Acetatpuffers aus 0,1 mol Essigsäure ($pK_s = 4{,}8$) und 0,1 mol Natriumacetat her (relative Atommassen: C = 12, H = 1, O = 16, Na = 23).

- **a)** Wie viel Gramm setzen Sie jeweils ein? Welchen pH-Wert hat die Pufferlösung?
- **b)** Wie ändert sich der pH-Wert, wenn Sie je nur 0,01 mol der Puffersubstanzen einsetzen? Ist die Pufferkapazität von b) größer oder kleiner als die von a)?
- **c)** Welchen pH-Wert erreichen Sie mit 0,1 mol Essigsäure und 0,2 mol Natriumacetat?
- **d)** Welchen pH-Wert erreichen Sie mit 0,4 mol Essigsäure und 0,2 mol Natriumacetat?

(11.2) Es wird ein Liter einer Pufferlösung aus 13,25 g NH_4Cl (relative Atommasse = 53) und 25 mmol NH_3 (relative Atommasse = 17) hergestellt. Welchen pH-Wert hat die Pufferlösung? ($pK_s = 9{,}2$)

Ergebnis: ______

(11.3) Sie wollen die Aktivität eines Enzyms bestimmen. Hierzu müssen Sie im neutralen bis schwach alkalischen pH-Bereich arbeiten und verwenden daher für Ihre Versuche einen Phosphatpuffer. Wie viel Gramm NaH_2PO_4 und Na_2HPO_4 müssen Sie einwiegen, um einen Liter eines 1 M Puffers mit pH = 7,2 zu erhalten? ($pK_{s1} = 2{,}0$, $pK_{s2} = 7{,}2$; relative Atommassen: Na = 23, H = 1, P = 31, O = 16)

Ergebnis: ______ NaH_2PO_4; ______ Na_2HPO_4

Netzdenken

(10) Lösen Sie das Kreuzworträtsel. Beginnen Sie das gesuchte Wort in dem Kästchen mit der Zahl. (ä = ae)

1 In der Krebstherapie als Cytostatikum eingesetzter Metallkomplex
2 Für die Photosynthese essentieller $Mg^{2\oplus}$-Komplex
3 Ligand mit zwei oder mehr Donatoratomen
4 Metall, das als Ion im Vitamin B_{12} vorkommt
5 Eigenschaft eines Metall-Ions, die sich durch Komplexbildung ändern kann
6 Es steht im Zentrum eines Metallkomplexes
7 Metall, dessen Ionen mit Ammoniak blaue Komplexe bilden
8 Eigenschaftswort, das die Komplexbindung kennzeichnet
9 Angabe für einen Metallkomplex, die sich aus der Summe der Ladungen der Bausteine ergibt
10 Thermodynamische Größe, die den Chelat-Effekt verursacht
11 Name eines Chemikers für ein Säure-Base-Konzept (nicht Brönsted)
12 Der Chelator Ethylendiamin ist es.
13 Elektrochemische Eigenschaft eine Metall-Ions, die sich durch Komplexierung ändern kann

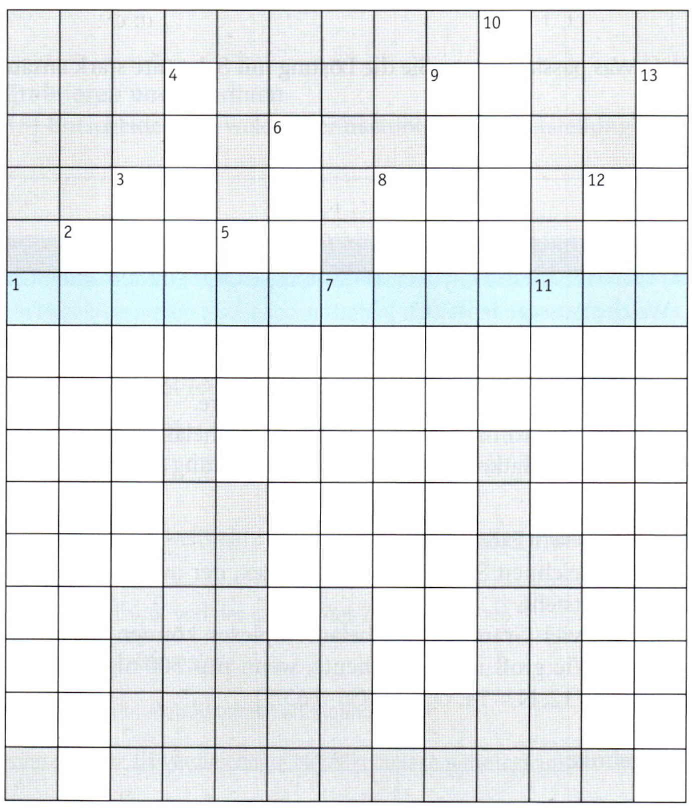

Lösungswort: ______________________

Multiple Choice

(11) Welche der angegebenen Verbindungen enthalten das $Cl^{\ominus}$-Ion als Ligand eines Metallkomplexes?

1 $[Ag(NH_3)_2]Cl$
2 $[Cu(NH_3)_4]Cl_2$
3 $[Pt(NH_3)_2Cl_2]$
4 $[Cu(H_2O)_2Cl_2]$
5 $CaCl_2 \cdot 6\,H_2O$

Welche Aussage trifft zu?

A Nur 1 und 2
B Nur 1, 3 und 4
C Nur 3 und 4
D Nur 4 und 5
E Alle Verbindungen

Multiple Choice

(12) Zur quantitativen Bestimmung kann man $Ca^{2\oplus}$-Ionen in Gegenwart eines Indikators mit 0,1 M EDTA-Lösung titrieren. Dazu versetzt man die zu titrierende Lösung vorher mit einem NH_3/NH_4Cl-Puffer (pH ≈ 9.2).

Welche Antwort trifft zu?

A Die Stabilität des Calcium/EDTA-Komplexes ist pH-abhängig.
B Die Komplexbildungskonstante wird kleiner.
C NH_3 beteiligt sich an der Komplexbildung.
D Der Indikator ist nur in einer Pufferlösung farbig.
E Die Geschwindigkeit der Komplexbildung steigt an.

Medizin und Alltag

(13) Warum ist Kohlenmonoxid (CO) giftig?

A Weil es leicht zu Kohlendioxid oxidiert wird, das den Blutpuffer dereguliert.
B Weil es statt Sauerstoff an das $Fe^{2\oplus}$ im Hämoglobin bindet und den O_2-Transport stört.
C Weil es ein guter Ligand für alle Metallkomplexe im Körper ist und den Stoffwechsel insgesamt lahmlegt.
D Weil es mit Kohlensäure ein separates Puffersystem aufbaut, das Zellfunktionen beeinträchtigt.
E Weil es wie $CN^{\ominus}$ bevorzugt an $Fe^{3\oplus}$-Ionen der Cytochrome bindet.

11 Organische Chemie. Einführung und Überblick

Ouvertüre

(1) Die vier Grundelemente der Organischen Chemie und der __________ (1.1) sind __________ (1.2), __________ (1.3), __________ (1.4) und __________ (1.5) mit den Elementsymbolen ___, ___, ___ und ___ (1.6). Mit Abstand folgen Elemente wie __________ (S) (1.7) und __________ (P) (1.8).

Der Kohlenstoff ist __________ begabt (1.9), was man allein schon an den verschiedenen __________ (1.10) wie z.B. __________ (1.11), Graphit, Fullerenen oder Nanoröhren sehen kann. Außerdem steht er im Zentrum der __________ (1.12) Chemie mit mehreren Millionen verschiedenen __________-Verbindungen (1.13). Die Stoffumwandlungen organischer Moleküle begründen die „Chemie des __________" (1.14). Ein anderes Merkmal des Kohlenstoffs ist seine Fähigkeit, mit __________ (1.15) umzugehen, erkennbar bei den Kohlenhydraten mit der Summenformel $C_n(H_2O)_n$.

Der Wasserstoff ist ein __________ (1.16) Element, es gibt ihn in freier Form nicht auf der __________ (1.17). Er ist ein Träger der __________ (1.18), was bei der Verbrennung direkt (Knallgas) oder bei der Verbrennung von Kohlenwasserstoffen (Erdgas, Erdöl) sichtbar wird.

Der Sauerstoff hingegen ist ein typisches Element der __________ (1.19), er ist erst in einer späten Phase der Erdentwicklung nach „Erfindung" der __________ (1.20) entstanden. Ohne ihn hätte sich das __________ (1.21) Leben nicht entwickeln können.

Der Stickstoff ist das __________-Element (1.22). Durch seine Beweglichkeit in der __________ (1.23) trägt er zur Klimaregulation bei, ebenso zur Kommunikation bei der __________ (1.24). Indirekt verleiht Stickstoff den höheren Lebewesen ihre __________ (1.25) Beweglichkeit (gebunden im Eiweiß der Muskeln), aber auch die __________ (1.26) Beweglichkeit (Neurotransmitter, biogene Amine) mit weitgehendem Einfluss auf das Nerven-Sinnes-System (Psychopharmaka, Nervengifte, Alkaloide).

Trainieren und Zuordnen

(2) Prüfen Sie die nachfolgenden Angaben zu den vier Grundelementen der Organischen Chemie.

		Richtig	Falsch
(2.1)	Wasserstoff ist immer einbindig.		
(2.2)	Kohlenstoff kann nur Einfach- und Doppelbindungen ausbilden.		
(2.3)	Stickstoff kann Einfach-, Doppel- und Dreifachbindungen ausbilden.		
(2.4)	Kohlenstoff ist elektronegativer als Stickstoff.		
(2.5)	Sauerstoff ist elektronegativer als Wasserstoff.		
(2.6)	Die C-H-Bindung ist polarisiert.		
(2.7)	Ketone enthalten doppelt gebundenen Sauerstoff.		
(2.8)	Blausäure enthält dreifach gebundenen Stickstoff.		
(2.9)	Sauerstoff bildet leicht Radikale.		

Fortsetzung

		Richtig	Falsch
(2.10)	Dreibindiger Stickstoff besitzt ein freies Elektronenpaar.	X	
(2.11)	Zweibindiger Sauerstoff besitzt nur ein freies Elektronenpaar.		X
(2.12)	Die polarisierte Atombindung spielt bei organischen Molekülen keine Rolle.		X
(2.13)	Sauerstoff und Stickstoff können an π-Bindungen beteiligt sein.	X	
(2.14)	Kohlenstoff bildet nur σ-Bindungen aus.		X

Multiple Choice

(3) Welche Aussage zu den Elementen Schwefel bzw. Phosphor trifft **nicht** zu?

- **A** Schwefel und Sauerstoff stehen in derselben Hauptgruppe.
- **B** Schwefel ist elektronegativer als Sauerstoff.
- **C** Schwefel ist im Coenzym A enthalten.
- **D** Phosphor ist im ATP enthalten.
- **E** Phosphor ist in der DNA enthalten.

Multiple Choice

(4) Welche Aussage zum Begriff der funktionellen Gruppe trifft zu?

- **A** Gruppe am Ende einer Kohlenstoffkette
- **B** Gruppe mit spezifischer Funktion im Stoffwechsel
- **C** Gruppe aus Elementen einer Hauptgruppe im Periodensystem
- **D** Anordnung bestimmter Atome zu einer Gruppe mit einem typischen Reaktionsverhalten
- **E** Synonym für organische Verbindungen mit erhöhter Reaktivität

Multiple Choice

(5) Welche der folgenden Verbindungsklassen enthalten **keine** funktionellen Gruppen?

- **A** Alkohole, Ether
- **B** Alkane, Cycloalkane
- **C** Aldehyde, Ketone
- **D** Carbonsäuren, Ester
- **E** Amine, Amide

12 Kohlenwasserstoffe

„Der Unterschied zwischen einem Zauberer und einem Medizinmann ist der: der Zauberer täuscht Dich mit einem raffinierten Trick. Der Medizinmann täuscht Dich nicht – er kann einfach etwas, von dem Du keine Ahnung hast. Das, was er kann, hat er vielleicht durch eigene Versuche über die Jahre gelernt, oder er war auf der Schule für Medizinmänner." (*E. Unger*).

Ouvertüre

Gesättigte Kohlenwasserstoffe bestehen aus den Elementen Kohlenstoff (Symbol: ____) (1.1) und ____ (1.2) (Symbol: H). Kohlenstoff ist ____-bindig (1.3). Die ____-hybridisierten (1.4) Kohlenstoffatome, deren Orbitale in die Ecken eines ____ (1.5) weisen, bilden Ketten oder verzweigte Ketten mit Kohlenstoff-Kohlenstoff- (____)- und ____ (C-H)-Einfachbindungen (1.6), die man auch ____-(Sigma) Bindungen (1.7) nennt. Die Ketten gesättigter Kohlenwasserstoffe ordnen sich nicht ____ (1.8) im Raum, sondern nehmen eine ____-Konformation (1.9) ein. Gesättigte Kohlenwasserstoffe bezeichnet man als ____ (1.10) (allgemeine Summenformel: ____) (1.11), sie sind chemisch relativ reaktionsträge mit Ausnahme der Reaktion mit Luftsauerstoff (____)(1.12), der so genannten ____ (1.13). Z.B. werden Erdgas (= ____) (1.14) oder das herkömmliche Campinggas (= ____ oder ____) (1.15) durch ____ (1.16) (= Oxidation) zur Wärmegewinnung genutzt. Produkte der Reaktion sind ____ (____) und ____ (____) (1.17).

C = C-Doppelbindungen, die sich aus einer ____- und ____-Bindung (1.18) zusammensetzen, sind nicht ____ (1.19) drehbar, sodass substituierte Verbindungen als ____-Isomere (1.20) (oder: E/Z-Konfigurationsisomere) vorliegen. Die räumliche Molekülstruktur im Bereich der Doppelbindung ist ____ (1.21). Ungesättigte Kohlenwasserstoffe (Olefine) bezeichnet man als ____ (1.22) (allgemeine Summenformel: ____) (1.23). Für diese Substanzklasse ist die ____-Reaktion (1.24) z.B. mit ____ (1.25) (Hydrierung) oder mit Wasser (____) (1.26) typisch.

Aromatische Verbindungen begegnen uns täglich als ____- (1.27), Geschmacks- oder Farbstoffe. Alle Aromaten sind ____ (1.28) und haben 4*n*+2 ____ (1.29), die ____ (1.30) sind. Die Molekülform ist ____ (1.31). Der einfachste Aromat ist das ____ (1.32). Die typische Reaktion am Aromaten ist die ____ (1.33) Substitution.

Trainieren und Zuordnen

(2) Tragen Sie in die Tabelle die Bindigkeiten und die typischen Bindungsarten ein.

Element	C	N	O	H	F, Cl, Br, I
Zahl der Bindungen (Bindigkeit)	4	(2.1)	2	(2.2)	(2.3)
Bindungsart A	—C— (mit vier Einfachbindungen)	|N— (mit drei Einfachbindungen)	(2.4)	(2.5)	(2.6)
Bindungsart B	(2.7)	—N̄=	(2.8)		
Bindungsart C	(2.9)				
Bindungsart D	(2.10)				

Trainieren und Zuordnen

(3) Offenkettige Kohlenwasserstoffe mit Doppelbindungen sind ________ (3.1), man nennt sie ________ oder ________ (3.2). Die offenkettigen Alkane hingegen sind ________ (3.3). Neben den offenkettigen Alkanen und Alkenen gibt es auch ________ (3.4) Kohlenwasserstoffe. Die allgemeine Summenformel C_nH_{2n} z. B. gilt für ________ (3.5), C_6H_{12} z. B. für ________ (3.6), zugleich aber auch für das Alken ________ (3.7). Cyclohexen hingegen hat die Summenformel ________ (3.8). Benzol ist ein Aromat und hat die Summenformel ________ (3.9). Moleküle mit Dreifachbindungen bilden die Stoffklasse der ________ (3.10), zu nennen ist das Schweißgas Acetylen (Formel/Name: ________ / ________) (3.11).

Summenformel C_6H_{12}		Summenformel C_6H_6	
Strukturformel einer offenkettigen Verbindung	Strukturformel einer cyclischen Verbindung	Strukturformel einer offenkettigen Verbindung	Strukturformel einer cyclischen Verbindung
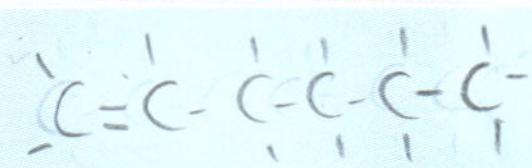 (3.12)	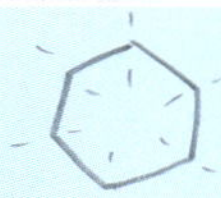 (3.13)	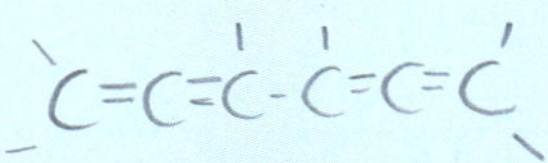 (3.14)	(3.15)

Trainieren und Zuordnen

(4) Spezielle Gruppen, die den Charakter einer organischen Verbindung prägen, bezeichnet man als ________ (4.1) Gruppe. Sie geben einer ________ (4.2) (= Substanzfamilie) den Namen und sind für deren chemische ________ (4.3) verantwortlich. Die Vertreter einer homologen Reihe unterscheiden sich von einer zur nächsten Verbindung durch eine ________ (4.4) Gruppe, wie z. B. ____ (4.5). Ergänzen Sie Strukturformeln, Namen, Verbindungsklasse, allgemeine Summenformel und funktionelle Gruppe in folgenden Reihen:

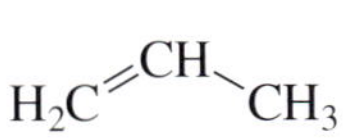

Propen

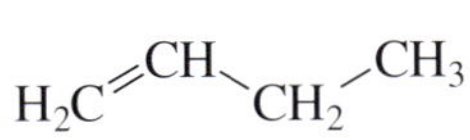

1-Buten

.... (4.6)

1-Penten

________ (4.7)
Verbindungsklasse/allg. Summenformel

________ (4.8)
funktionelle Gruppe

.... (4.9)

____

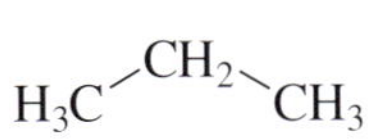

Propan

.... (4.10)

n-Butan

________ (4.11)
Verbindungsklasse/allg. Summenformel

________ (4.12)
funktionelle Gruppe

.... (4.13)

____

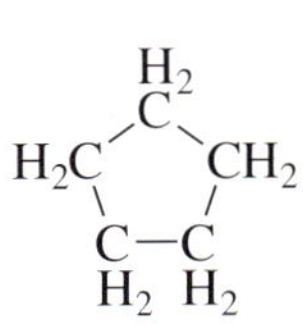

Cyclopentan

.... (4.14)

____

________ (4.15)
Verbindungsklasse/allg. Summenformel

________ (4.16)
funktionelle Gruppe

Fortsetzung

.... (4.17)

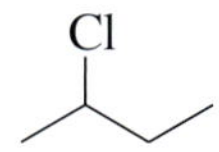

.... (4.19)

__________ (4.20)
Verbindungsklasse/allg. Summenformel

__________ __________ (4.18)

2-Chlorpentan

__________ (4.21)
funktionelle Gruppe

Trainieren und Zuordnen

(5) Formulieren Sie die Reaktionsgleichung für die Verbrennung (Reaktion mit O_2) von A) Erdgas, B) Cyclohexan, C) Ethanol und D) Wasserstoff (H_2). Benennen Sie die Produkte! E) Bewerten Sie die Verbrennungen von A) bis D) unter ökologischen Gesichtspunkten.

A __________ (5.1)

B __________ (5.2)

C __________ (5.3)

D __________ (5.4)

E __________

____

__________ (5.5)

Trainieren und Zuordnen

(6) Zeichnen Sie unterschiedliche Konstitutionsisomere. Bezeichnen Sie die jeweils gezeichnete Verbindung mit ihrem systematischen Namen.

Summenformel	**C_5H_{12}** (6.1)	**C_5H_{10}** (6.2)	**C_4H_9Br** (6.3)
Isomer A Name	 *n*-Pentan	 1-Penten	 1-Brombutan
Isomer B Name			
Isomer C Name			

Trainieren und Zuordnen

(7) Geben Sie die Strukturformeln der genannten Verbindungen sowie Formel und Name für jeweils ein Konstitutionsisomer an!

(7.1) Cyclohexan (in der Sesselkonformation!):

(7.2) Ethanol:

(7.3) Dihydroxybenzol (*para*- und *ortho*-Isomer):

Trainieren und Zuordnen

(8) Formulieren Sie die Reaktionsgleichungen für folgende Umsetzungen mit 1-Buten und benennen Sie die Produkte:

Verbrennung:

Summenformel (8.1)

Bromierung:

Strukturformel (8.2)

Hydrierung (mit Palladium als Katalysator):

Strukturformel (8.3)

Addition von Wasser (säurekatalysiert):

Strukturformel (8.4)

Trainieren mit Extrablatt

(9) Brom und etwas Eisen(III)-bromid werden zu einer Mischung aus Cyclohexan (9.1), Cyclohexen (9.2) und Benzol (9.3) gegeben.
Welche Reaktionen laufen unter welchen Bedingungen ab? Formulieren Sie die Reaktionsgleichungen und benennen Sie die Produkte.

Lückentext

(10) Ein Katalysator ist ein Stoff, der die Einstellung des Gleichgewichts ______ (10.1), indem er die Aktivierungsenergie ______ (10.2). Ein Katalysator wird bei der Reaktion nicht ______ (10.3). Er ändert nur die ______ (10.4) der Reaktion. **Nicht** verändert werden durch einen Katalysator die ______ (10.5) des Gleichgewichts und die ______ (10.6) an Produkten. Das ΔG (Gibbs' Freie Energie) der Reaktion bleibt ______ (10.7). Ein Enzym ist ein Katalysator ______ (10.8) Ursprungs, der ______ (10.9) Reaktionen beschleunigt. Chemisch gesehen sind Enzyme in der Regel ______ (10.10). Eine ______ (10.11) (= energieverbrauchende) Reaktion kann ein Enzym nicht in eine ______ (10.12) verwandeln.
Die Aktivierungsenergie ist die Energie, die zunächst ______ (10.13) werden muss, damit die Reaktionspartner ausreichend ______ (10.14) sind, um miteinander zu reagieren. Der Übergangszustand einer Reaktion ist ein Zustand mit meist hoher ______ (10.15) und daher ein hoher Punkt im Energiediagramm. In dem Zustand sind die Reaktionspartner äußerst ______ (10.16). Ein Zwischenprodukt hingegen ist deutlich ______ (10.17) (= energieärmer) und kann meist als Stoff aus der Reaktionslösung isoliert werden.
Die Gesetze der **Kinetik** beschreiben die ______ (10.18) von chemischen Reaktionen. Es wird experimentell bestimmt, wie sich die Konzentrationen der ______ (10.19) und ______ (10.20) zeitabhängig ändern. Es gibt z. B. Reaktionen ______ (10.21) und ______ (10.22) Ordnung. Jedes Enzym z. B. ist durch seine ______ (10.23) charakterisiert. Die ______ (10.24) (RG) ist von der ______ (10.25) ($\Delta G^{\#}$) abhängig.

Multiple Choice

(11) Welche Aussage trifft **nicht** zu?

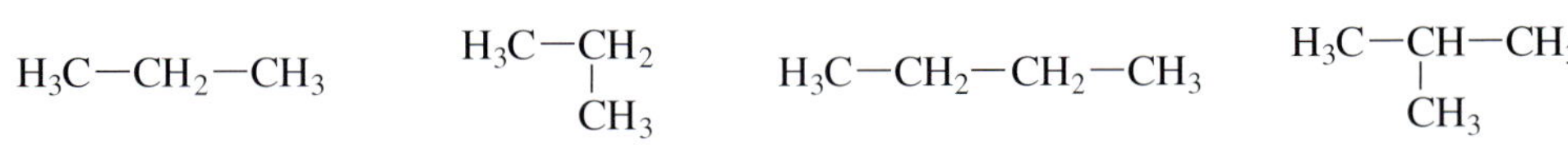

1 2 3 4

- **A** 1 und 3 sind Verbindungen einer homologen Reihe.
- **B** 3 und 4 haben die Summenformel C_4H_{10}.
- **C** Bei 1 und 2 handelt es sich um Konstitutionsisomere.
- **D** 1 bis 4 gehören zur Stoffklasse der Alkane.
- **E** Alle C-Atome bei 1 bis 4 sind sp^3-hybridisiert und tetraedrisch.

Multiple Choice

(12) Vergleichen Sie folgende Verbindungen:

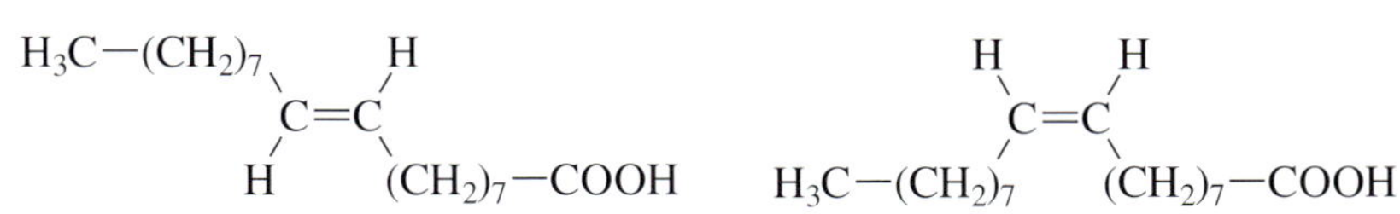

1 2

Welche Aussage trifft **nicht** zu?

- **A** 2 ist die natürlich vorkommende Ölsäure.
- **B** 1 und 2 sind cis/trans-Isomere.
- **C** 1 und 2 enthalten konjugierte Doppelbindungen.
- **D** 1 ist energieärmer als 2.
- **E** Beide Verbindungen addieren leicht elementares Brom.

Multiple Choice

(13) Welche Angabe zum Benzol trifft **nicht** zu?

A Im Benzol liegen Kohlenstoff- und Wasserstoffatome in einer Ebene.
B Im Benzol sind die Abstände zwischen den benachbarten C-Atomen gleich lang.
C Benzol enthält cyclisch konjugierte Doppelbindungen.
D Benzol reagiert mit Brom unter Addition.
E Benzol gehört wie Naphthalin zu der Substanzklasse der Aromaten.

Multiple Choice

(14) Welche Aussage zum Cyclohexen trifft **nicht** zu?

A Es gehört zur Substanzklasse der Cycloalkene.
B Es kann aus Cyclohexanol durch eine Dehydratisierung entstehen.
C Es addiert Brom (unter Entfärbung der Reaktionslösung).
D Es hat die Summenformel C_6H_{10}.
E Es enthält die gleiche Anzahl σ- und π-Bindungen.

Multiple Choice

(15) Aromatische Verbindungen begegnen uns im Alltag z. B. im Schmerzmittel Aspirin (**1**) oder als Vanillin (**2**), dem Aroma der Vanilleschote. Welche Aussage trifft **nicht** zu?

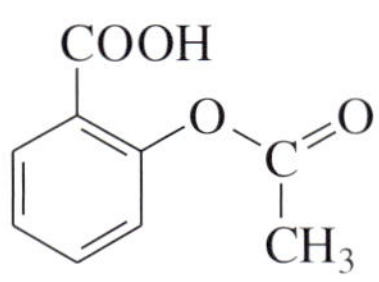

1

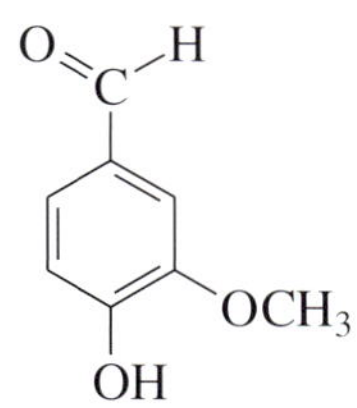

2

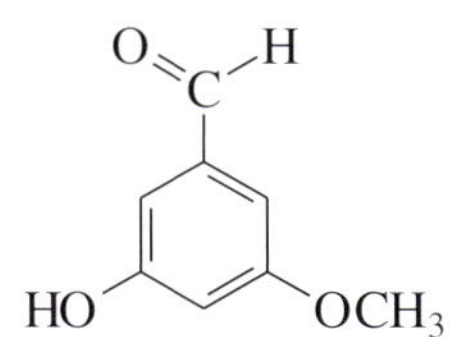

3

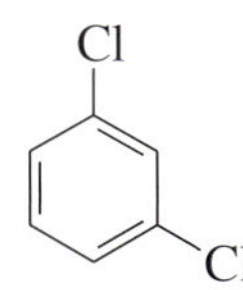

4

A 1 ist ein *ortho*-substituierter Aromat.
B 2 und 3 sind Konstitutionsisomere.
C Die Verbindungen 1, 2 und 3 enthalten eine Aldehydgruppe.
D Die Substituenten stehen in 3 und 4 alle *meta*-ständig.
E Bei 4 handelt es sich um 1,3-Dichlorbenzol (*m*-Dichlorbenzol).

Multiple Choice

(16) Die Reaktion $C_6H_6 + Br_2 \rightarrow C_6H_5Br + HBr$ bezeichnet man als

A Substitutions-Reaktion
B Eliminierungs-Reaktion
C Additions-Reaktion
D Säure-Basen-Reaktion
E Redox-Reaktion

Medizin und Alltag

(17) Sie sind in der Vergiftungszentrale zum Dienst erschienen, als ein besorgter Großvater anruft, dessen kleiner Enkelsohn gerade aus einem Fläschchen mit nach Orangen duftender Möbelpolitur getrunken hat. Dem Enkel geht es gut, aber sein Atem riecht nach Möbelpolitur. Sie raten ihm, den Enkel warm zu halten, sofort in die Notaufnahme zu fahren und auf keinen Fall einen Brechreiz auszulösen, obwohl das eine häufige Erste-Hilfe-Maßnahme bei Verdacht auf Vergiftungen ist.

Wie kommt es zu diesem Ratschlag und welche Maßnahmen sind zu ergreifen?

____

____

____

Medizin und Alltag

(18) Ein jeweils voller Kanister mit Wasser und mit Benzin stehen in der Garage. Den Wasserkanister wollen Sie zur Wochenendfahrt mitnehmen. Wegen einer starken Erkältung können Sie sich auf Ihre Nase nicht verlassen. Wie können Sie die Kanister unterscheiden? Nennen Sie mindestens drei Möglichkeiten!

(18.1)

____

(18.2)

____

(18.3)

____

13 Verbindungen mit einfachen funktionellen Gruppen

Ouvertüre

(1) Für die Stoffgruppe der Alkanole (= ________) (1.1) ist die OH-Gruppe (__________) (1.2) typisch. Der kleinste Vertreter der homologen Reihe $C_nH_{2n+1}OH$, das __________ (1.3), ist ein starkes _____ (1.4), weil seine metabolischen Oxidationsprodukte den Sehnerv irreversibel _________ (1.5). Ist der Kohlenwasserstoffrest, der direkt an der OH-Gruppe hängt, aromatisch, so spricht man von einem ______ (1.6), das z.B. Baustein des weiblichen Sexualhormons _________ (1.8) ist. 2-Propanol (= __________) (1.8) ist ein typischer ________________ (1.9) und dient in der Medizin als Desinfektionsmittel.

In der OH-Gruppe der Alkanole trägt das _______________ (1.10) (= O-Atom) zwei _____ (1.11) Elektronenpaare und ist _______ (1.12) polarisiert. Deshalb bilden Alkanolmoleküle genauso wie Wassermoleküle ___________________-bindungen (1.13) aus. Das H-Atom an der OH-Gruppe ist dabei _______ (1.14) polarisiert. Die Siedepunkte der Alkanole sind wesentlich _____ (1.15) als die der Alkane mit vergleichbarer Molmasse.

Das Lösungsverhalten der Alkanole bestimmen die polarisierte OH-Gruppe [sie ist ______ phil, _____ phob (1.16)] und die Länge des unpolaren Kohlenwasserstoffrests [er ist _______ phil, ______ phob) (1.17)]. Cholesterin gehört wegen seines tetracyclischen Grundgerüstes zu den ____________ (1.18), es hat ____ phile (1.19) Eigenschaften und wird als ________ (1.20) klassifiziert. Zu den organischen Verbindungen mit Stickstoff als Heteroatom gehören die _________ (1.21), die man vom _____________ (NH_3) (1.22) ableiten kann, in dem man die H-Atome nacheinander durch organische Reste ersetzt. Das N-Atom trägt ein ________ (1.23) Elektronenpaar und kann ein _______ (1.24) anlagern. Amine bezeichnet man deshalb als _______ (1.25).

Netzdenken

(2) Ersetzt man das O-Atom des Wassers durch andere Heteroatome (blau hinterlegt) sowie eines oder beide H-Atome durch organische Reste (Kasten bzw. Blaumarkierung), so erhält man Verbindungen aus verschiedenen Stoffklassen. Zeichnen Sie die Formeln (mit freien Elektronenpaaren) und benennen Sie die Stoffklasse bzw. den Namen der jeweiligen Verbindung.

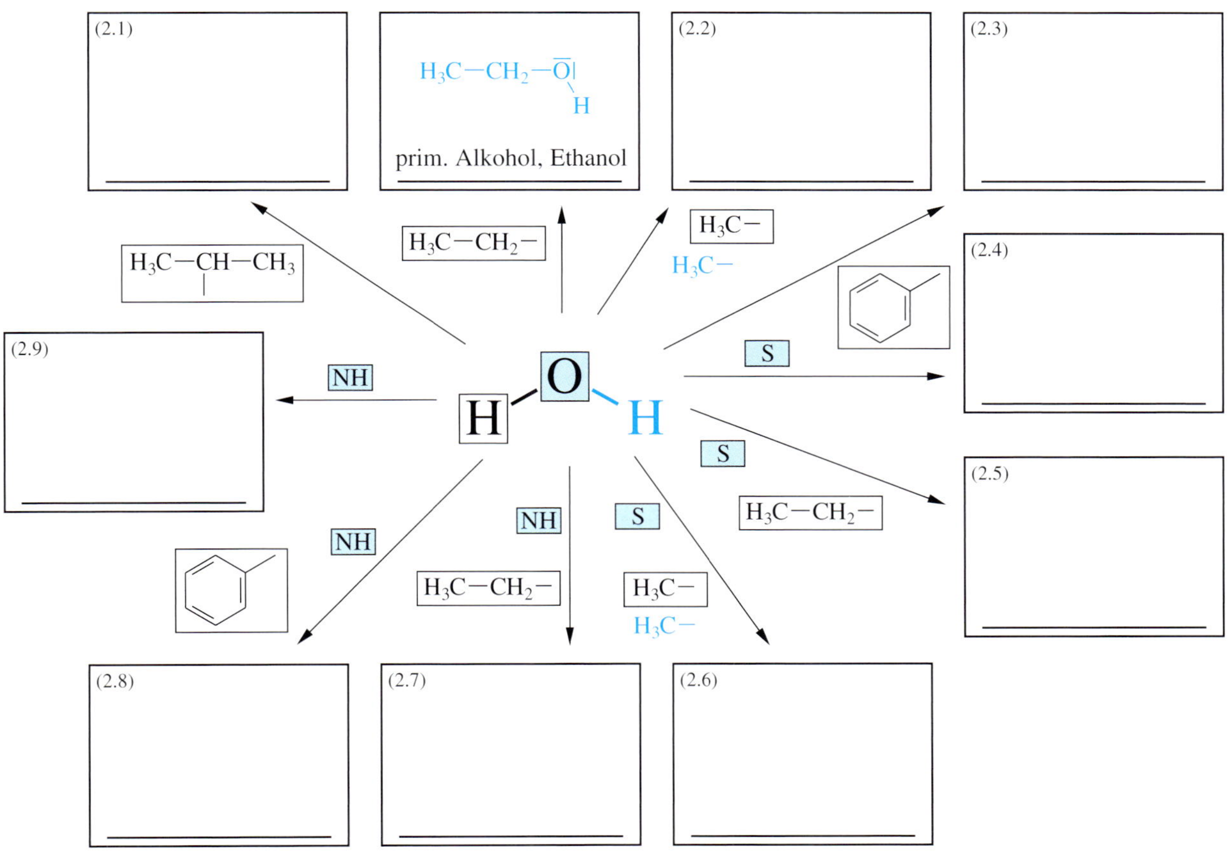

Trainieren und Zuordnen

(3) Zeichnen Sie die fehlenden Strukturformeln der angegebenen Substanzen, und benennen bzw. markieren Sie charakteristische funktionelle Gruppen. Bei angegebenen Strukturen benennen Sie die Verbindung und die markierten funktionellen Gruppen.

Ethanol		Glycerin	2-Butanol	Cyclohexanol
H_3C-CH_2-OH prim. Alkohol	(3.1) 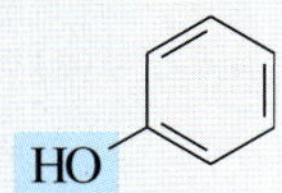 ______	(3.2) sek. Alkohol	(3.3) ______	(3.4) ______
Toluol	**Phenolat**	**Diethylether**	**Diethyldisulfid**	**Benzylalkohol**
(3.5) ______	(3.6) ______	(3.7) ______	(3.8) ______	(3.9) ______
	Diethylamin	**Ammoniak**		
(3.10) 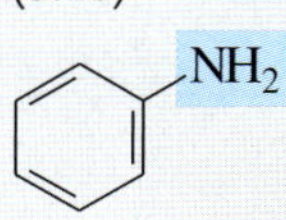 ______	(3.11) ______	(3.12) ______	(3.13) 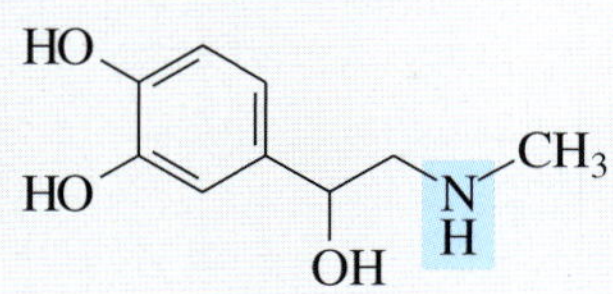 ______	(3.14) $HO-CH_2-CH_2-\overset{\oplus}{N}(CH_3)_2-CH_3 \quad OH^{\ominus}$ ______

Lückentext

(4) Alkohole können Protonen abgeben, sie sind schwache ________ (4.1). Sie können aber auch Protonen ____________ (4.2), dann reagieren sie als _____ (4.3). Sie haben __________ (4.4) Charakter wie das ______ (4.5) (Molmasse 18).

Mesomerie liegt vor, wenn sich __________ (4.6) im Molekül über ________ (4.7) Atome verteilen. Eine einzelne Molekülformel gibt den Zustand nur __________ (4.8) wieder. Ist eine Ladung über viele Atome verteilt, ist das System ________ (4.9), also energie-______ (4.10), als wenn die Ladung nur an ________ (4.11) Atom lokalisiert ist. Z.B. ist Phenol stärker ______ (4.12) als die Alkanole, da das ___________-Anion (4.13) _____________-stabilisiert (4.14) ist und so die Abspaltung des _________ (4.15) aus der OH-Gruppe des Phenols begünstigt wird.

Trainieren und Zuordnen

(5) Ordnen Sie den angegebenen Nummern in den Formeln die Begriffe und funktionellen Gruppen der Liste zu (streichen Sie bereits zugeordnete Begriffe). Es ergibt sich ein Lösungswort.

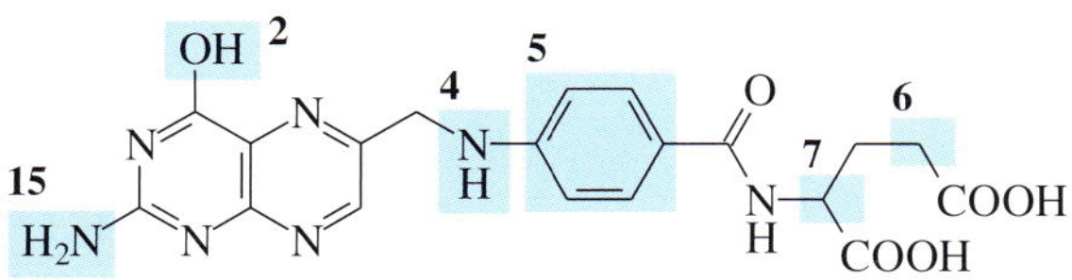

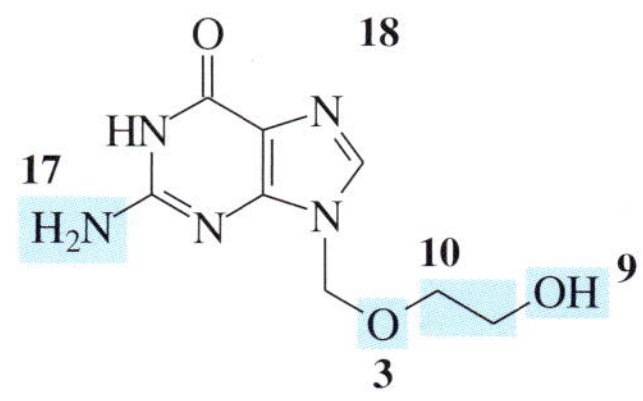

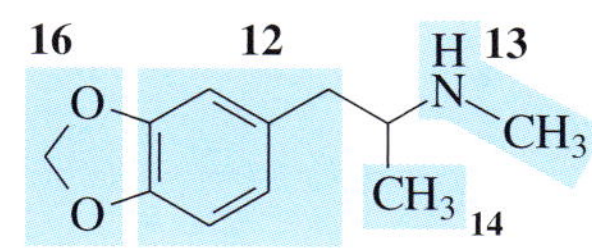

1 ______________________
Name der Verbindung

8 ______________________
Name der Verbindung

11 ______________________
Name der Verbindung

E = sek. C-Atom	VO = Benzylgruppe	N = Methylaminogruppe
VE = tert. C-Atom	NN = phenolische OH-Gruppe	L = Phenylring
VO = Ethergruppe	TI = prim. Aminogruppe	TI = prim. Aminogruppe
RW = Aciclovir, Wirkstoff gegen Herpes-simplex-Virus	EN = prim. Hydroxylgruppe	NG = Ecstasy, neurotoxische Designerdroge
AN = Methylgruppe	L = sek. Aminogruppe	KA = Guanin-Derivat
SI = Folsäure	DU = CH_2–CH_2-Gruppe	BIO = Methylendioxygruppe

Lösungswort:

1	2	3	4	5	6	7	8	9	10	11	12	13	14	15	16	17	18

Rechnen mit Extrablatt

(6) Wie viel Massenprozent Sauerstoff enthalten die folgenden mehrwertigen Alkohole?

(6.1) Frostschutzmittel Glykol, ein __________-wertiger Alkohol: $HO-CH_2-CH_2-OH$

Ergebnis: ______________________

(6.2) Glycerin, Baustein von Neutralfetten, ein _____-wertiger Alkohol: $\begin{array}{ccc} CH_2 - & CH - & CH_2 \\ | & | & | \\ OH & OH & OH \end{array}$

Ergebnis: ______________________

(6.3) *myo*-Inosit, ein intrazellulärer Signalstoff, ein _____-wertiger Alkohol:

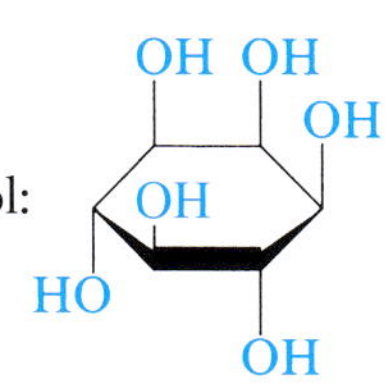

Ergebnis: ______________________

Netzdenken

(7) Lösen Sie das Kreuzworträtsel. (ä = ae)

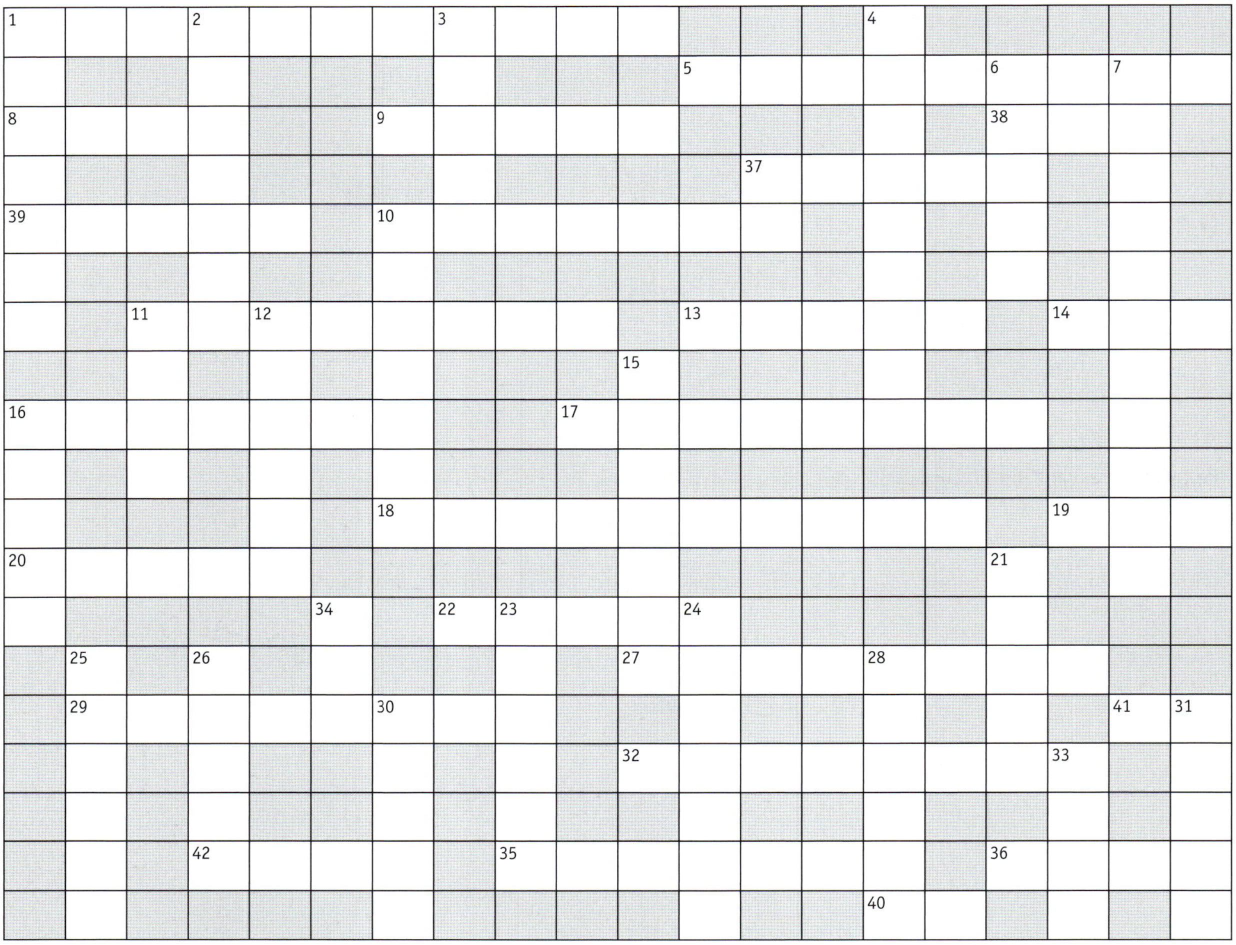

waagrecht

1 typisches Steroid im Blut
5 Blutspiegel dieses Amins steigt bei Aufregung
8 ugs.: Triacylglycerin
9 Schwefelanalogon eines Alkohols
10 Die OH-Gruppe im Ethanol ist …
11 Eigenschaft, als Säure und Base zu reagieren
13 C_4-Alkan
14 Element mit Ordnungszahl 5
16 Stereoisomere, die nur in einem Stereozentrum verschieden sind
17 dreiwertiger Alkohol
18 greift positiv polarisierte C-Atome von Carbonylgruppen an
19 ist ein Halogen und desinfiziert
20 Alkylrest mit zwei C-Atomen
22 Biokatalysator (meist ein Protein)
27 Chloride, Amide, Ester sind … von Carbonsäuren.
29 Ein Amin mit drei organischen Resten ist …
32 In Aldehyden ist das H-Atom in α-… acide.
35 Kohlenhydrate mit drei C-Atomen
36 Namensendung von Kohlenhydraten
37 physikalische Größe mit Einheit Pa
38 Drei-Buchstaben-Code des Lysin
39 kleinstes Molekül mit Kohlenstoff-Dreifachbindung
40 Elementsymbol Zink
41 Elementsymbol Natrium
42 Edelgas

senkrecht

1 Genussgift im Kaffee
2 Alkalimetall mit kleinster Ordnungszahl
3 Name der Stoffgruppe: R-O-R
4 Die Hydroxygruppe im Cholesterin ist …
6 Kohlenwasserstoff mit Doppelbindung
7 Trivialname von 2-Propanol
10 Eiweiß, Peptid der Molmasse > 10 kDa
11 Stickstoffderivat einer Carbonsäure
12 trägt die OH-Gruppe am Aromaten
15 Oxidationsprodukt primärer Alkohole
16 Produkt aus Säure und Alkohol
21 Oxidationsprodukt sekundärer Alkohole
23 …-Gleichung für Redoxpotenziale, die nicht Standardbedingungen entsprechen
24 in Hustendrops oder Zigaretten enthaltenes Terpen aus Pfefferminzöl
25 Kohlenstoffgrundgerüst von Hormonen
26 Metall der Ordnungszahl 33, Hollywood-Film: … und Spitzenhäubchen
28 Elektronen in der äußeren Schale sind …-elektronen
30 IUPAC-Name für Aromaten
31 Stickstoffanaloga der Alkohole
33 Alle Elemente der 18. Hauptgruppe sind es bei Raumtemperatur.
34 Vorsilbe für „drei“

Trainieren und Zuordnen

(8) Die genannten Stoffe reagieren in Lösung miteinander. Formulieren Sie die Reaktionsgleichungen, benennen Sie die Reaktionstypen und die Produkte.

Phenol – reagiert mit NaOH:

(8.1)

Ethanol mit Natrium:

(8.2)

2-Propanol mit etwas H_2SO_4 unter Wasserabspaltung:

(8.3)

2-Buten addiert Wasser:

(8.4)

Propylamin reagiert mit Protonen:

(8.5)

CH_3–CH_2–I mit KOH:

(8.6)

Oxidation von Ethanthiol:

(8.7)

Trainieren und Zuordnen

(9) Bewerten Sie folgende Aussagen.

		Richtig	Falsch
(9.1)	Die Isopropyl-Gruppe enthält ein tertiäres C-Atom.		
(9.2)	Die –O-Bindung kommt in Alkoholen, Ethern und Peroxiden vor.		
(9.3)	Im Phenol ist die OH-Gruppe an ein sp^2-C-Atom gebunden.		
(9.4)	Die Hydroxygruppe der Alkohole und Phenole ist mit dem Hydroxid-Ion (OH^-) von starken Basen wie NaOH oder KOH identisch.		
(9.5)	Ameisensäure entsteht bei der Reduktion von Methanol.		
(9.6)	1-Propanol ist ein Konstitutionsisomer von Isopropanol.		
(9.7)	Reagiert Ethanol als Säure, so entstehen H^+- und $Ethanolat^-$-Ionen.		
(9.8)	Kurzkettige Alkohole sind relativ polar und wasserlöslich.		
(9.9)	Im *trans*-1,2-Cyclohexandiol stehen die OH-Gruppen bevorzugt äquatorial.		
(9.10)	Aus 2-Methyl-2-butanol lässt sich säurekatalysiert ein Alken herstellen.		
(9.11)	Bei der Hydrierung der Doppelbindung eines Alkens entstehen Alkanole.		
(9.12)	CH_3–CH_2–CH_2–OH und HO–CH_2–CH_2–CH_3 sind Konstitutionsisomere.		

Multiple Choice

(10) Welche Angabe zum Cholesterin trifft **nicht** zu?

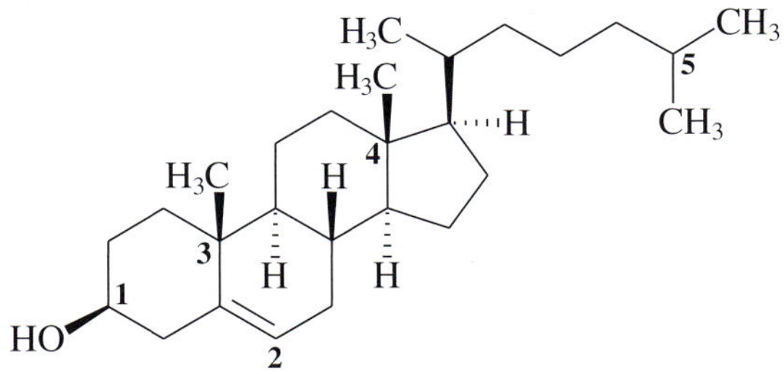

- **A** Das Molekül enthält eine Alkoholfunktion.
- **B** Es handelt sich um ein Steroid.
- **C** Das Molekül entfärbt Brom.
- **D** Im Cholesterin sind die Ringe B und C *cis* verknüpft.
- **E** Die Substanz ist lipophil.

Multiple Choice

(11) Welche Aussage zu den nummerierten Atomen des oben stehenden Cholesterins trifft **nicht** zu?

- **A** C-Atom 1 ist sp^2-hybridisiert.
- **B** C-Atom 2 ist an einer π-Bindung beteiligt.
- **C** C-Atom 3 ist an vier σ-Bindungen beteiligt.
- **D** C-Atom 4 ist ein quartäres C-Atom.
- **E** C-Atom 5 ist sp^3-hybridisiert.

Multiple Choice

(12) Welche der folgenden Verbindungen sind Konstitutionsisomere zu *n*-Propanol?

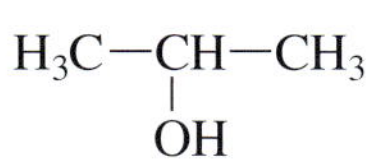

1

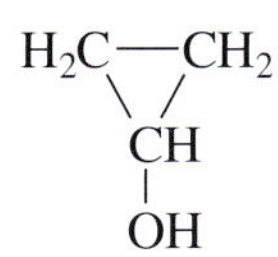

2

$H_3C-O-CH_2-CH_3$

3

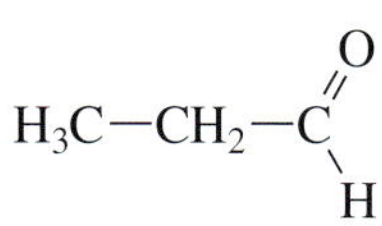

4

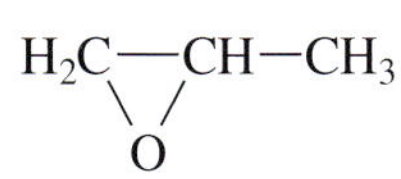

5

Welche Antwort trifft zu?

- **A** Nur 1
- **B** Nur 1 und 3
- **C** Nur 2 und 3
- **D** Nur 2, 3 und 4
- **E** Alle angegebenen Verbindungen

Multiple Choice

(13) Welche Aussage trifft **nicht** zu?

- **A** Kationen können als Elektrophile reagieren.
- **B** Die H-Atome des Benzols können durch Elektrophile substituiert werden.
- **C** Verbindungen mit π-Elektronen können als Nucleophile reagieren.
- **D** Alle Nucleophile sind Anionen.
- **E** Protonen sind elektrophile Teilchen.

Medizin und Alltag

(14) Häufig liegt dem Parkinson-Syndrom eine Degeneration dopaminerger Neurone und daraus folgend eine Verarmung an Dopamin zugrunde. Welche Aussage zur abgebildeten Strukturformel trifft zu?

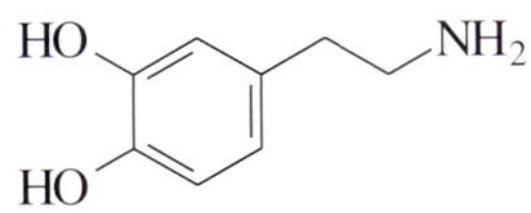

A Die Verbindung enthält eine Peroxidgruppe.
B Die phenolischen OH-Gruppen sind *para*-ständig.
C Die Verbindung ist amphoter.
D Die Verbindung enthält einen Cyclohexylring.
E Die Verbindung ist ein sekundäres Amin.

Multiple Choice

(15) Welche der folgenden fünf Aussagen über FCKWs trifft **nicht** zu?

A FCKWs sind für den Abbau des Ozons in der Stratosphäre mitverantwortlich.
B FCKWs wurden in Spraydosen als Treibgas verwendet.
C FCKWs finden u. a. als Lösungsmittel und Kältemittel Verwendung.
D FCKWs sind Fluorchlorkohlenwasserstoffe.
E FCKWs sind hydrophile Verbindungen.

Medizin und Alltag

(16) Die letale Dosis für Trinkalkohol (= __________) (16.1) liegt für den Menschen bei etwa 4‰, das entspricht ___ mg/mL (16.2) Blut (Rechnen!). Um einen Alkoholspiegel von etwa 0,5‰ im Blut zu erreichen, reichen schon etwa ___ (16.3) Glas Wein (____ L) (16.4), ein _____ (16.5) Liter Bier oder weniger als ___ (16.6) Glas Whisky.
Bei kalten winterlichen Temperaturen ist ein Vollrausch besonders gefährlich, weil die Gefahr einer __________ (16.7) erhöht ist. Ethanol _________ (16.8) die Blutgefäße und erzeugt deshalb ein _____ gefühl (16.9), obwohl die ________________ (16.10) eher absinkt. Der ______________ (16.11) erfolgt mit konstanter Geschwindigkeit (nicht-lineare Kinetik, ca. 7–10 g pro Stunde), weil die Nachlieferung des Coenzyms ______ (16.12) limitiert ist. Medikamente können den Abbau ______ (16.13) beschleunigen.

14 Aldehyde und Ketone

Ouvertüre

(1) Viele Aroma- und Duftstoffe, Vitamine, Hormone und Stoffwechselintermediate enthalten __________ -gruppen (C=O) (1.1). Eine ____________ -gruppe (CHO) (1.2) findet sich im Vanillin oder Pyridoxal. Progesteron oder das Veilchenaroma α-Ionon enthalten eine _______ -gruppe ($R_2C=O$) (1.3).
Durch Dehydrierung (= ___________) (1.4) von primären Alkoholen entstehen zunächst __________ (1.5), indem _____ (1.6) H-Atome abgegeben werden. Aus den Aldehyden entstehen durch weitere Dehydrierung _______________ (1.7), bei diesem Prozess wird zunächst _________ (1.8) addiert, bevor dann wieder zwei ________________ (1.9) abgegeben werden. Durch Oxidation von ____________ (1.10) Alkoholen entstehen _________ (1.11), die unter milden Bedingungen nicht weiter oxidiert werden können.

Das Carbonyl-C-Atom der C=O-Gruppe wird vor allem von ______________ (1.12) angegriffen, es ist ein ______________ (1.13) Zentrum. Entsprechend der Polarisierung der C=O-Gruppe ist das O-Atom ein ______________ (1.14) Zentrum, es kann ein Proton binden. Am C-Atom benachbart zur Carbonylgruppe (= __________) (1.15) zeigen die H-Atome erhöhte ___________ (1.16) (Tendenz zur Protonenabgabe). Deshalb kommt es z. B. zur ____-_____- (1.17) Tautomerie.
Typische Reaktionen von Aldehyden und Ketonen sind die Addition von __________ (1.18) (zum Hydrat), die Addition von Alkoholen (zum Halb- __________ (1.19) oder die Addition von Aminen mit nachfolgender Wasserabspaltung zu den __________ (1.20) (= Schiff-Basen). Eine „Königsreaktion“ zur C-C-Verknüpfung ist die ________-Addition (1.21), wird nachfolgend Wasser abgespalten, spricht man von _______-______________ (1.22).

Trainieren und Zuordnen

(2) Vervollständigen Sie anhand der gegebenen Informationen die Strukturformeln und Namen der Verbindungen der homologen Reihen und geben Sie jeweils die allgemeinen Summenformeln an.

(2.1) .... 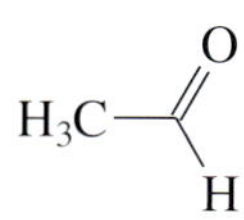 .... $C_nH_{2n}O$
Methanal ________ ________ ________ allg. Summenformel

(2.2) .... 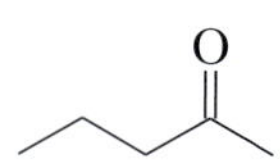 .... ________
________ ________ ________ ________ allg. Summenformel

(2.3) .... 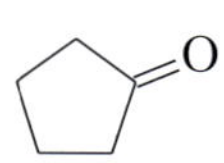 .... ________
________ ________ ________ ________ allg. Summenformel

Netzdenken: Lernspinne

Viele organische Verbindungen, insbesondere Aldehyde und Ketone, wirken in der Tier- und Pflanzenwelt als Pheromone oder Geruchsstoffe und dienen damit der Kommunikation. Auch der Mensch reagiert auf solche Stoffe, z. B. hält die Aromatherapie zunehmend Einzug in die medizinische Behandlung.

(3) Ordnen Sie den Strukturformeln die passende Angabe in der unteren Reihe zu, indem Sie die Buchstaben mit dem passenden schwarzen Punkt verbinden (Lineal!). In einigen Fällen gibt es mehr als eine Verbindungslinie. Berührt eine Verbindungslinie eine oder mehrere Buchstabenangaben, so tragen Sie diese in das Lösungsschema ein. Sie erhalten ein Lösungswort.

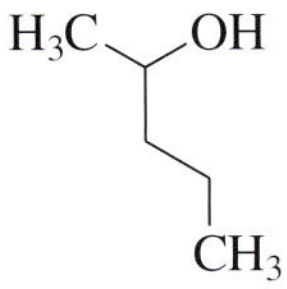
(A)

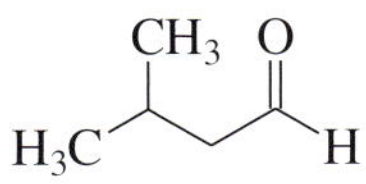
(B)

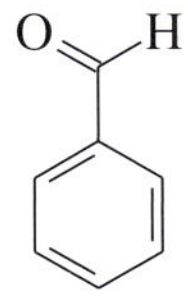
(C)

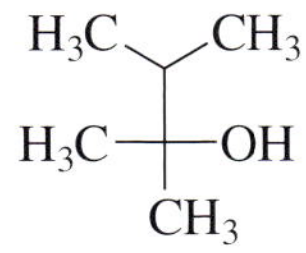
(D)

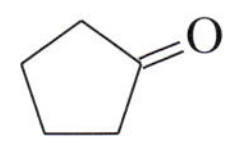
(E)

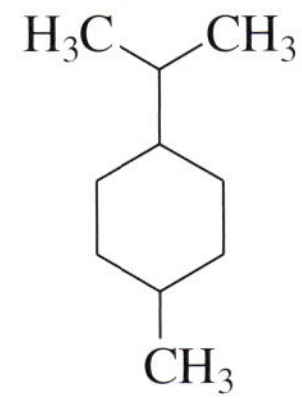
(F)

(G)

7M 3F 9F 6G 8L 5S 4T 1H 10E 7O 1D 10R 2A 2U 4U 4T 8F 9E 3S 6T

$C_5H_{10}O$	$C_5H_{12}O$	Aromat	sekundärer Alkohol	tertiärer Alkohol	sp^2-C-Atom	Isopropyl-Gruppe	C_5H_8O	Aldehyd	Keton	Diethyl-ether	Cycloalkan
(3.1)	(3.2)	(3.3)	(3.4)	(3.5)	(3.6)	(3.7)	(3.8)	(3.9)	(3.10)	(3.11)	(3.12)

Lösungswort:

1	2	3	4	5	6	7	8	9	10

(3.13)

Netzdenken: Lernspinne

(4) Die funktionellen Gruppen verschiedener Verbindungsklassen enthalten oft Sauerstoff. Zeichnen Sie die Strukturformeln der zugehörigen Verbindungen bzw. Verbindungsklassen mit jeweils drei C-Atomen und benennen Sie die Substanz.

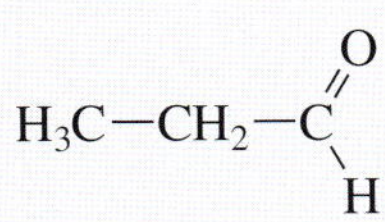 Propanal Aldehyd	(4.1) 1-Alkanol	(4.2) 2-Alkanol	(4.3) 2-Propen-1-ol
(4.4) .... Ether	(4.5) .... Keton	(4.6) .... Glycerinaldehyd	(4.7) .... Dihydroxyaceton

Trainieren

(5) Zeichnen Sie zuerst die Strukturformeln der angegebenen Verbindungen und dann die des entsprechenden Enols (Keto-Enol-Tautomerie).

Acetaldehyd	(5.1)
Aceton	(5.2)
Acetylaceton (= 2,4-Pentandion)	(5.3)
Pyruvat	(5.4)

Trainieren

(6) Vervollständigen Sie folgendes Reaktionsschema durch Angabe der Strukturformeln, des Namens des Endproduktes und ergänzender Angaben unter den Pfeilen!

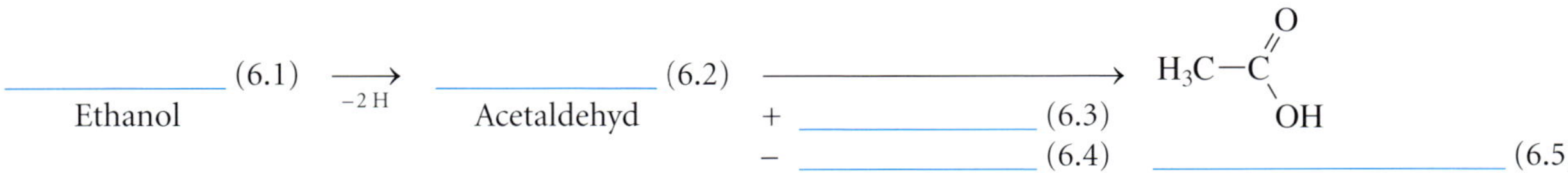

Um welchen Reaktionstyp handelt es sich? ______ (6.6)

Netzdenken: Lernspinne

(7) Reagiert Propionaldehyd in den aufgeführten Reaktionen, so erhält man Verbindungen verschiedener Stoffklassen. Zeichnen Sie die *Strukturformeln* der Produkte und nennen Sie die **Namen** und Stoffklassen der Verbindungen.

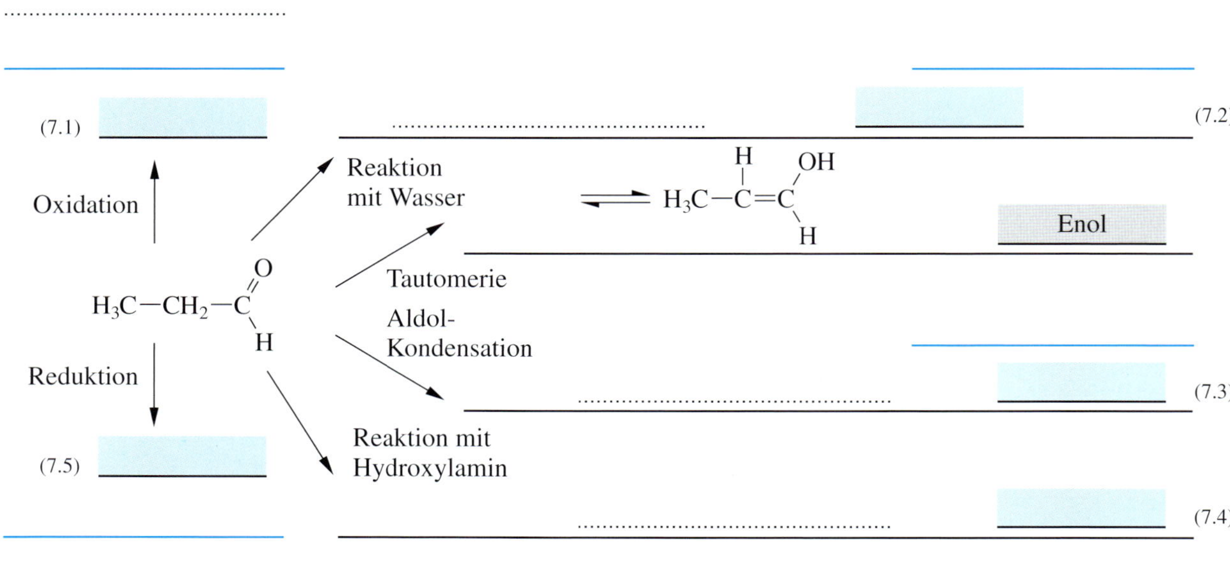

Trainieren und Zuordnen

(8) Formulieren Sie die Reaktionsgleichungen für folgende Reaktionen und benennen Sie die Produkte.

2-Propanol wird oxidiert:
(8.1)

Propanon reagiert mit Methanol (erst einfach, dann säurekatalysiert):
(8.2)

Propanon reagiert mit Methylamin unter Wasserabspaltung:
(8.3)

Acetaldehyd mit starker Base als Katalysator zu einem C_4-Produkt:
(8.4)

Zuordnen

(9) Ordnen Sie den Substanznamen die gebräuchlichen Trivialnamen zu und geben Sie die Strukturformeln an.

Name	Methanal/38%ige wässrige Methanallösung	Ethanal	Propanal	Propanon
Trivialname/ Struktur	(9.1)	(9.2)	(9.3)	(9.4)

Trainieren und Zuordnen

(10) Kreuzen Sie **alle** CH-aciden Verbindungen an:

(10.1) ☐ CH_3OH

(10.2) ☐ $C_6H_5COCH_3$

(10.3) ☐ CH_3CH_2CHO

(10.4) ☐ C_6H_5CHO

(10.5) ☐ $C_6H_5CH_2COC_6H_5$

Multiple Choice

(11) Dehydrierung ist ein Begriff, der vielfach in der Organischen Chemie und Biochemie verwendet wird. Man versteht darunter

- **A** die Reduktion eines organischen Moleküls.
- **B** die Oxidation eines organischen Moleküls.
- **C** die Abspaltung von Wasser.
- **D** die Anlagerung von Wasserstoff.
- **E** den Abbau der Hydrathülle eines Ions.

Multiple Choice

(12) Welche Aussage ist **richtig**?

Acetaldehyd kann

- **A** zu Methanol reduziert werden.
- **B** zu Essigsäure oxidiert werden.
- **C** zu Aceton reduziert werden.
- **D** zu Ethanol oxidiert werden.
- **E** nicht weiter oxidiert werden.

Multiple Choice

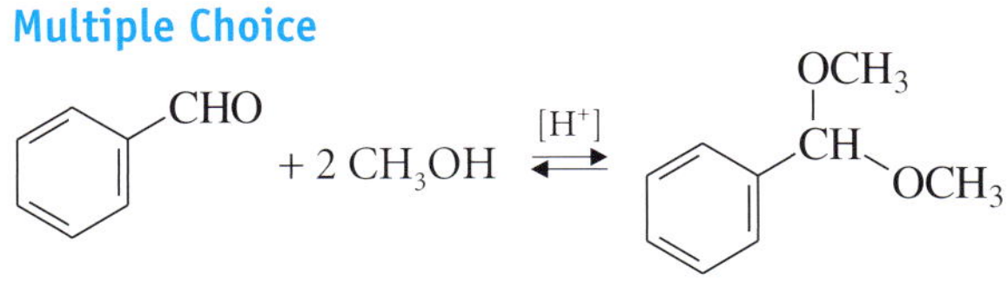

(13) Ist diese Reaktionsgleichung **richtig**?

- **A** Ja.
- **B** Nein, der Katalysator wird bei der Reaktion verbraucht.
- **C** Nein, Acetale werden anders hergestellt.
- **D** Nein, es entsteht bei der Reaktion außerdem Wasser.
- **E** Nein, es entstehen zwei Acetalmoleküle.

Multiple Choice

(14) Nachfolgende Verbindung ist durch Aldol-Kondensation entstanden.

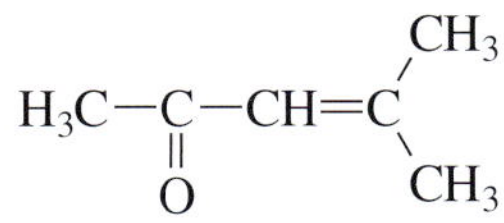

Aus welchen Komponenten ist sie hervorgegangen?

- **A** Acetaldehyd und Aceton
- **B** Essigsäure und Formaldehyd
- **C** 3 Moleküle Acetaldehyd
- **D** 2 Moleküle Aceton
- **E** Aceton und Benzaldehyd

Medizin und Alltag

(15) Warfarin ist wie Phenprocoumon (Marcumar®) ein indirektes Antikoagulanz, da es als Vitamin-K-Antagonist die Synthese des wirksamen Prothrombins und der Blutgerinnungsfaktoren II, VII, IX und X hemmt.

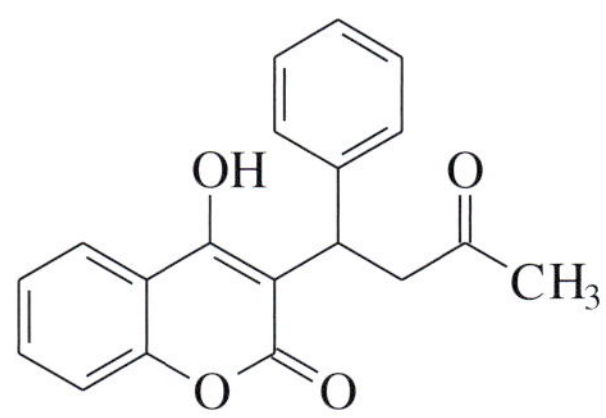

Welche Aussage trifft **nicht** zu?

- **A** Es handelt sich um eine Keto-Verbindung.
- **B** Das bicyclische Chinon ist substituiert.
- **C** Warfarin wird gut bei oraler Einnahme resorbiert und zeigt hohe Plasmaproteinbindung (über 90%).
- **D** Das Arzneimittel weist ein Stereozentrum auf.
- **E** Der Phenylring trägt zum lipophilen Charakter der Verbindung bei.

Medizin und Alltag

(16) Formalin-Lösung wird zur Konservierung von biologischen Präparaten genutzt. Welche Aussage trifft **nicht** zu?

- **1** Formalin enthält 53–73% Formaldehyd in Wasser gelöst.
- **2** Formalin tötet Mikroorganismen ab, indem es Proteine denaturiert.
- **3** Formalin ist ein modernes Desinfektionsmittel für die Hände.
- **4** Mit einem MAK-Wert von 0,5 mL/m^3 wird Formaldehyd mehr als doppelt so schädlich eingestuft wie Chlorgas. (MAK = maximale Arbeitsplatzkonzentration in mg/m^3 oder mL/m^3).
- **5** Formaldehyd ist bei Raumtemperatur ein Gas.

Antworten:

- **A** Nur 1 und 3
- **B** Nur 1 und 4
- **C** Nur 1, 3 und 5
- **D** Nur 2 und 5
- **E** Nur 4

15 Chinone

Ouvertüre

(1) Chemische Verbindungen nennt man Chinone, wenn in einem Sechsring ______ (1.1) C=O-Gruppen durch ______ (1.2) Doppelbindungen verbunden sind. Stehen die C=O-Gruppen nebeneinander, nennt man die Verbindungen ______ -Chinone (1.3), stehen sie sich gegenüber, sind es ______ -Chinone (1.4).
Beispiele für Chinone sind Vitamin ______ (1.5) als Cofaktor für die Blutgerinnung und das ______ (1.6) (= Coenzyme Q) als unverzichtbarer ______ -überträger (1.7) in der Atmungskette oder bei der Photosynthese. Diese Aufgabe können die Chinone übernehmen, da ihre Redox-Reaktionen sehr rasch verlaufen und generell ______ (1.8) sind. Die ______ -Gleichung (1.9) beschreibt die Abhängigkeit des Redoxpotenzials eines Chinonsystems von den Konzentrationen der beteiligten Reaktionspartner, dazu gehören auch Protonen, d.h., das Redoxpotenzial ist auch vom ______ (1.10) der Umgebung abhängig.

Rechnen mit Extrablatt

(2) (2.1) Bei der Oxidation von Hydrochinon ($C_6H_6O_2$) zu Benzochinon ($C_6H_4O_2$) setzen Sie 55,0 g Hydrochinon ein und wiegen nach Ende der Reaktion 32,4 g Benzochinon aus. Wie groß ist die molare Ausbeute an Benzochinon bezogen auf Hydrochinon? (Atommassen: C = 12, H = 1, O = 16)

- **A** 32,4%
- **B** 50%
- **C** 55%
- **D** 60%
- **E** 87,4%

(2.2) Berechnen Sie das Redoxpotenzial einer Chinhydronelektrode bei pH = 5 (E_0 = + 0,7 V; Chinon- und Hydrochinonkonzentration sind gleich)!

- **A** – 0,4 V
- **B** + 0,2 V
- **C** + 0,4 V
- **D** + 0,7 V
- **E** + 1,0 V

Trainieren und Zuordnen

(3) Formulieren Sie die Reaktionsgleichung für folgende Reaktionen und benennen Sie die Produkte.

2-Methyl-1,4-benzochinon wird reduziert: 3.1

Vitamin K-Hydrochinon (KH_2) wird oxidiert: 3.2

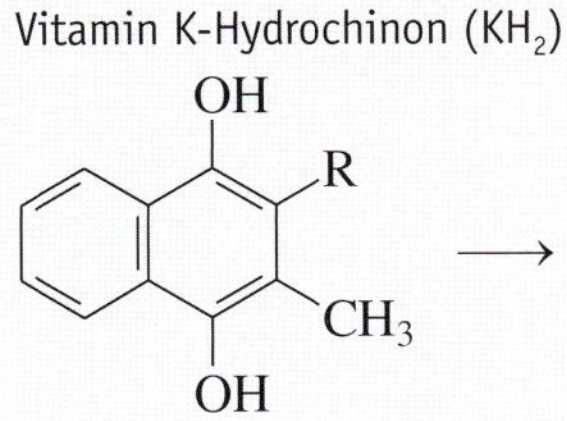

Multiple Choice

(4) Welche der folgenden Verbindungen ist ein Chinon?

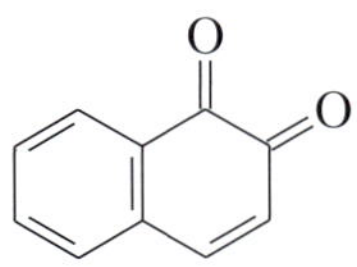
1

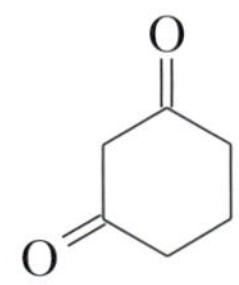
2

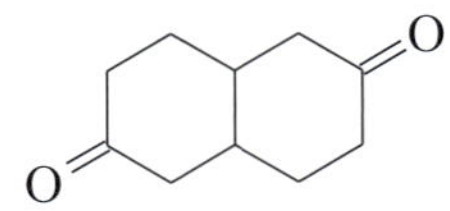
3

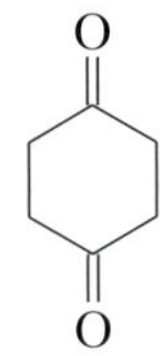
4

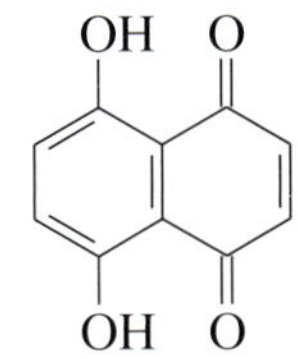
5

Antworten:

- **A** Nur 1 und 3
- **B** Nur 1 und 5
- **C** Nur 2, 3 und 4
- **D** Nur 2 und 5
- **E** Nur 5

Multiple Choice

(5) Das Redoxpotenzial des Systems Chinon/Hydrochinon ist durch die Gleichung

$$E = E^0 + \frac{0{,}06}{n} \times \lg \frac{[\text{Chinon}]\,[H^+]^2}{[\text{Hydrochinon}]}$$ gegeben.

Für den Fall, dass [Chinon] = [Hydrochinon] ist, gibt welche der folgenden Gleichungen das Redoxpotenzial E richtig wieder?

- **A** $E = E^0 + 0{,}12$ pH
- **B** $E = E^0 - 0{,}06$ pH
- **C** $E = E^0 - 0{,}06 \lg [H^+]$
- **D** $E = E^0 - 0{,}03 \lg [H^+]$
- **E** $E = E^0 + 0{,}03$ pH

Multiple Choice

(6) Ein 1:1-Gemisch aus Chinon/Hydrochinon ($E^0 = +0{,}70$ Volt) wird mit Zink in Eisessig (Zink: $E^0 = -0{,}76$ Volt) versetzt.
Welche Aussage trifft **nicht** zu?

- **A** Chinon geht in Hydrochinon über.
- **B** Chinon ist in diesem System das Oxidationsmittel.
- **C** Vom Zink/Eisessig-System gehen Elektronen auf das Hydrochinon über.
- **D** Das Zink/Eisessig-System ist das Reduktionsmittel.
- **E** Für die ablaufende Reaktion gilt: Chinon + Zn + 2 H^+ → Hydrochinon + Zn^{2+}.

Multiple Choice

(7) Welche Aussage zu folgender Reaktion trifft zu?

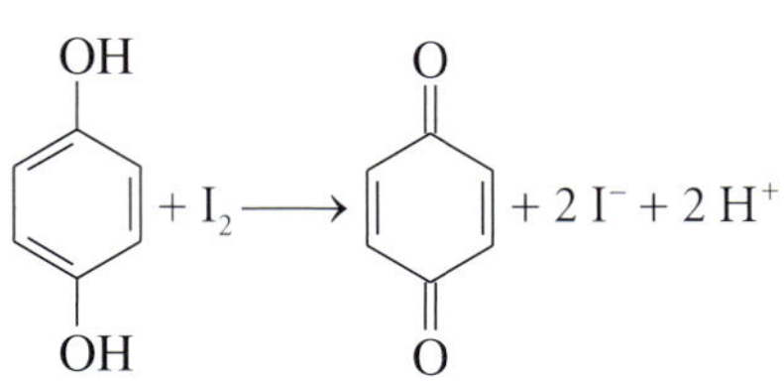

- **1** Iod ist das Reduktionsmittel.
- **2** Iod nimmt zwei Elektronen auf.
- **3** Hydrochinon gibt zwei Protonen und zwei Elektronen ab.
- **4** Hydrochinon wird zu p-Benzochinon reduziert.
- **5** Das Redoxpotenzial Hydrochinon/Chinon hängt vom pH-Wert ab.

Antworten:

A Nur 1 und 4
B Nur 1, 2 und 3
C Nur 1, 3 und 5
D Nur 2, 3 und 5
E Nur 4

Multiple Choice

(8) Die Abbildung zeigt den Elektronenfluss in der Atmungskette.

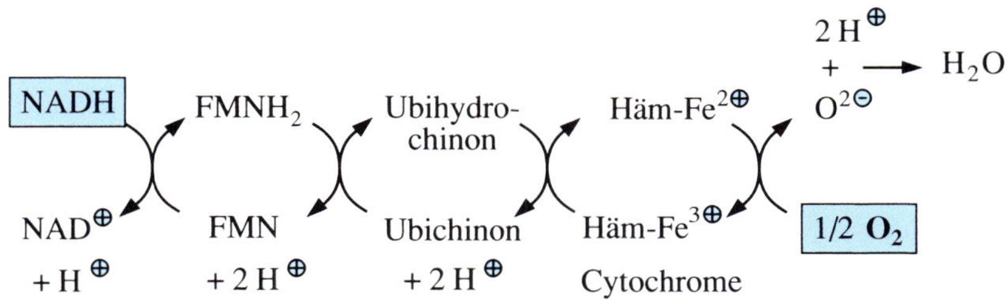

$E^{0'}$ −0,32 −0,22 +0,11 +0,22 bis +0,55 +0,81 Volt

Welche Aussage trifft **nicht** zu?

A Ubichinon ist ein Elektronenakzeptor.
B Es werden letztendlich Elektronen vom NADH auf Sauerstoff (O_2) übertragen.
C Die Gesamtgleichung der Atmungskette lautet:
$2\ NADH + 2\ H^+ + O_2 \rightarrow 2\ NAD^+ + 2\ H_2O$.
D Beim Übergang Häm-Fe^{2+} → Häm-Fe^{3+} wird ein Elektron abgegeben.
E Die Elektronen durchlaufen eine Potenzialdifferenz $\Delta E^{0'}$ = 0,48 Volt.

16 Carbonsäuren und Carbonsäurederivate

Ouvertüre

(1) Eskimos haben ein erstaunlich geringes Herzinfarktrisiko, obwohl sie sich kaum von Obst und Gemüse ernähren, sondern viel Fisch essen. Die im Fischöl enthaltenen Omega-3- ______________ (1.1) sind für diesen positiven Effekt verantwortlich. Für organische Säuren (Carbonsäuren) ist die ___________ -gruppe (1.2) (= COOH-Gruppe) charakteristisch. Diese funktionelle Gruppe enthält ein __ -Atom (1.3), das als _________ (1.4) abgespalten werden kann, es entsteht das ______________ -Anion (1.5).
Carbonsäuren entstehen durch Oxidation von __________________ (1.6). Dazu addiert die CHO-Gruppe zunächst ein Molekül _________ (1.7) bevor zwei __-Atome (1.8) abgespalten werden (Dehydrierung). Die ersten vier Vertreter der ___________ (1.9) Reihe der ______________ (1.10) (= Monocarbonsäuren) sind wasserlöslich, beginnend mit Methansäure (= __________________) (1.11), Ethansäure (= __________________) (1.12), _________________ (1.13) (= Propionsäure) und _________________ (1.14) (= __________________) (1.15).

Höhere Carbonsäuren (= langkettige Alkansäuren, auch ______________ (1.16) genannt) sind z. B. die Hexadecansäure (= ________________) (1.17) oder Octadecansäure (= ______________) (1.18). Diese lösen sich nicht in ________ (1.19), jedoch in unpolaren Lösungsmitteln wie ___________ (1.20). Bei Raumtemperatur sind diese gesättigten Fettsäuren _____ (1.21), während ___________ (1.22) Fettsäuren mit Doppelbindungen in der Kette eher ________ (1.23) sind und sehr stark die Eigenschaften von _____________________ (1.24) bestimmen.
Die einfachste aromatische Carbonsäure ist die ______________ (1.25) mit der Summenformel C_H_O_ (1.26). Sie verhindert das Wachstum von Bakterien in Lebensmitteln und ist deshalb ein gängiges ________________________ (1.27). Wird diese Säure reduziert, so entsteht zunächst der ______________ (1.28), der nach Bittermandel (Amaretto) riecht und dann der _________ -alkohol (1.29) mit der Summenformel C_H_O_ (1.30).

Trainieren und Zuordnen

(2) Vervollständigen Sie folgende Tabelle.

Name Säure	**Ameisensäure** (engl. *formic acid*) (lat. *formica* = Ameise)	**Essigsäure** (engl. *acetic acid*) (lat. *acidum aceticum*)	**Bernsteinsäure** (engl. *succinic acid*) (lat. *Succinum* = Bernstein)	**Stearinsäure** (engl. *stearic acid*) (griech. *stear* = Fett)
Systematischer Name	(2.1)	(2.6)	(2.11)	(2.16)
Strukturformel der Säure	(2.2)	(2.7)	(2.12)	(2.17)
Summenformel der Säure	(2.3)	(2.8)	(2.13)	(2.18)
Besondere Eigenschaften	p*Ks* = 3,8 wasserlöslich	p*Ks* = 4,8 wasserlöslich	Dicarbonsäure wasserlöslich	(2.19)
Name des Natriumsalzes	(2.4)	(2.9)	(2.14)	(2.20)
Strukturformel der Base	(2.5)	(2.10)	(2.15)	(2.21)

Trainieren und Zuordnen mit Extrablatt

(3) Im Zellgeschehen, wie beispielsweise im _______ zyklus (3.1), spielen vor allem Carbonsäuren mit ______ und ______ Carboxylgruppen (3.2) eine Rolle.
(3.3) Zeichnen und benennen Sie die ersten vier Vertreter der homologen Reihe der aliphatischen Dicarbonsäuren.
(3.4) Formulieren Sie die Reaktion von Citronensäure (Strukturformel) mit drei Moläquivalenten KOH als Base.
(3.5) Das schwerlösliche Salz der Weinsäure (Kaliumhydrogentartrat) setzt sich als Weinstein in Weinflaschen und Weinfässern ab. Geben Sie die Strukturformel des Salzes, die Strukturformel der Weinsäure und den systematischen Namen der Weinsäure an.
(3.6) Zeichnen Sie die folgenden Substituentengruppen (Säurereste): Acetyl, Benzoyl, Succinyl und Acyl.

Trainieren und Zuordnen

(4) Die Vielfalt der Carbonsäuren lässt sich leicht ordnen, wie Sie hier selbst zeigen werden. Zeichnen Sie die Strukturformeln. Benennen Sie die Verbindungen und charakteristischen Gruppen (fügen Sie entsprechende Kästen in Ihren Strukturen ein).
Welche Bedeutung findet sich im Stoffwechsel?

Name	**(4.1)**	**Oxalessigsäure**	**(4.5)**	**(4.7)**
Struktur/ charakt. Gruppe/n	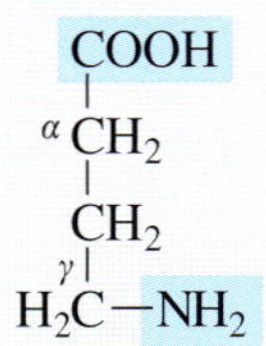	(4.2)	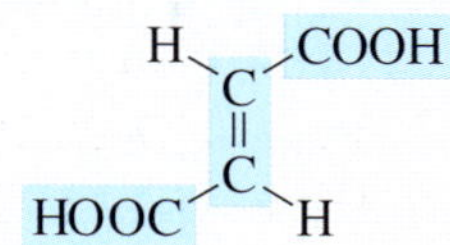	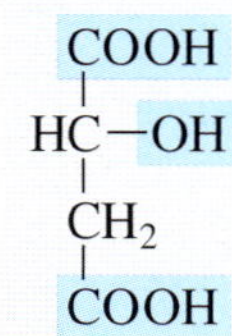
	γ-Aminogruppe Carboxylgruppe	(4.3)	(4.6)	(4.8)
Name des Salzes/ Bedeutung	GABA wirkt als Neurotransmitter	(4.4)	Fumarat/Intermediat im Citratzyklus	(4.9)

Name	**(4.10)**	**Ölsäure**	**Linolsäure**
Struktur/ charakt. Gruppe/n	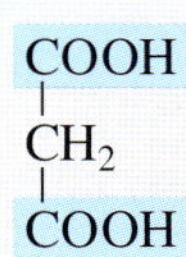	(4.13)	(4.16)
	(4.11)	(4.14)	(4.17)
Name des Salzes/ Bedeutung	(4.12)	(4.15)	(4.18)

Trainieren und Zuordnen

(5) Die chemische Umgebung beeinflusst die Säurestärke der Carbonsäuren. Die Säurestärke wird beispielsweise durch elektronen ____________ (5.1) Substituenten in α-Position, die einen –I-Effekt haben, erhöht. Bei der Neutralisation werden Carbonsäuren mit ________ (5.2) in ihre ________ (5.3) und ________ (5.4) umgesetzt.
Ergänzen Sie nachfolgende Aufgaben. Welche Gruppen, die die Säurestärke beeinflussen, sind vorhanden (Bitte markieren)? Benennen Sie die Anionen.

(5.5)  ______________________________

(5.6) $F_3C-COOH \overset{-H^+}{\rightleftarrows}$ ______________________________

(5.7) Oxalsäure $\overset{-H^+}{\rightleftarrows}$ ______________________________

(5.8) Milchsäure $\overset{-H^+}{\rightleftarrows}$ ______________________________

(5.9) $H_3\overset{\oplus}{N}-CH_2-COOH \overset{-H^+}{\rightleftarrows}$ ______________________________

Trainieren und Zuordnen

(6) Carbonsäuren und ihre Carboxylat-Anionen zeigen unterschiedliche Eigenschaften im Lösungsverhalten. Ergänzen Sie die fehlenden Strukturen, Beobachtungen und Auswertungen der folgenden Versuchsabläufe.

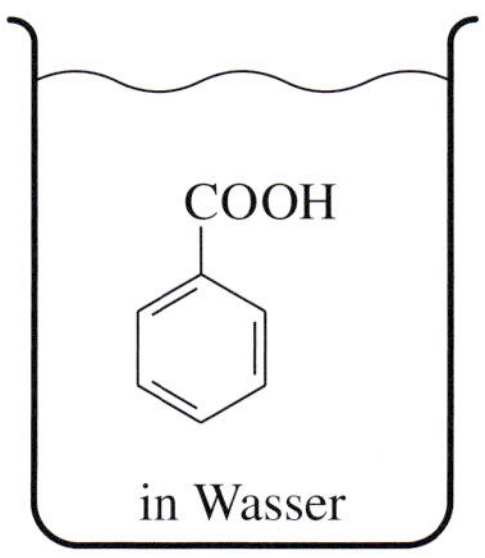

Beobachtung

weißer Niederschlag

Deutung/Reaktionsgleichung

Benzoesäure ist eine schwache Säure und in protonierter Form unpolar, d. h. wasserunlöslich.

Zugabe von KOH

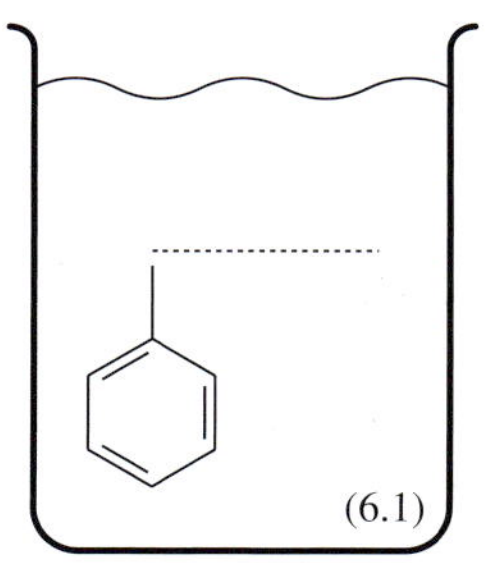

Beobachtung

(6.2)

Deutung/Reaktionsgleichung

(6.3)

Zugabe von einigen Tropfen HCl

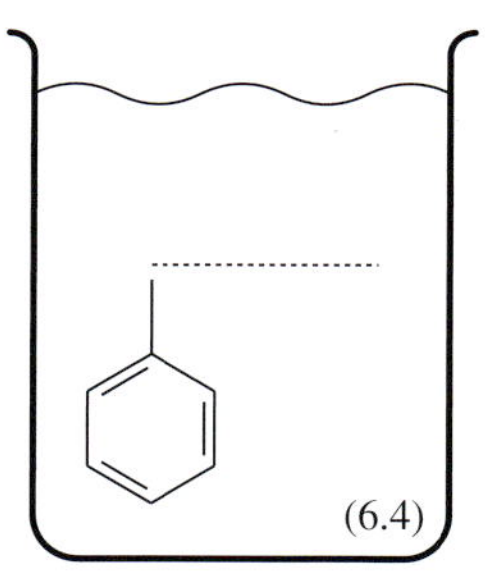

Beobachtung

(6.5)

Deutung/Reaktionsgleichung

(6.6)

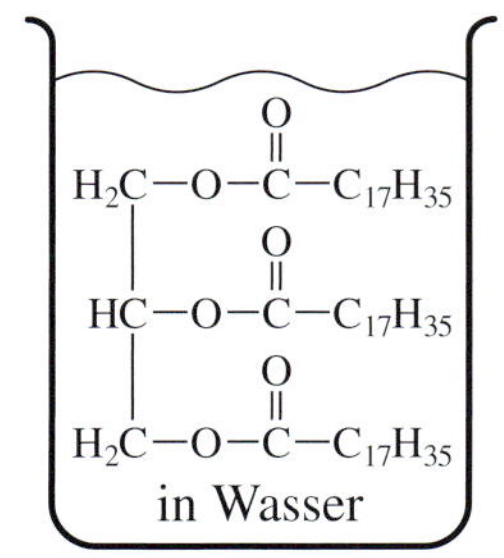

Beobachtung

(6.7)

Deutung/Reaktionsgleichung

(6.8)

Zugabe von konz. KOH

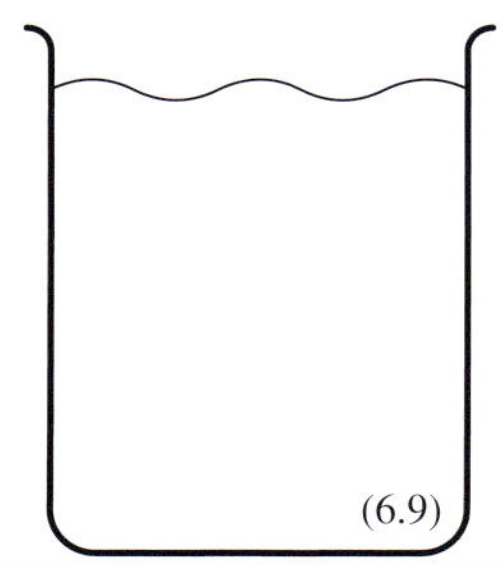

Beobachtung

(6.10)

Deutung/Reaktionsgleichung

(6.11)

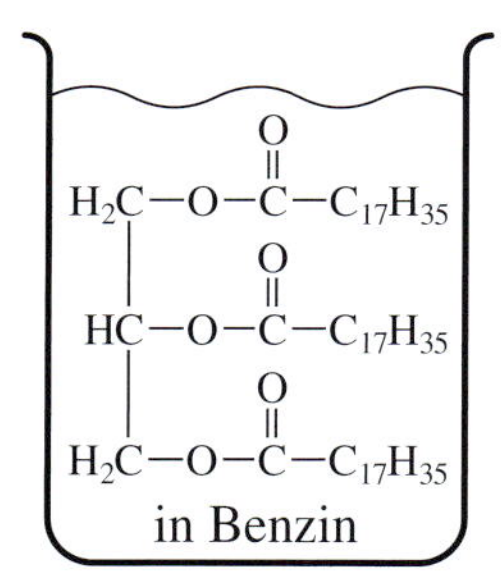

Beobachtung

(6.12)

Deutung/Reaktionsgleichung

(6.13)

Lückentext

(7) Zu den aktivierten Carbonsäurederivaten gehören Carbonsäure- ______ (7.1) und ______ (7.2), die als „aktivierte" Carbonsäuren in der organischen Synthese unverzichtbar sind. Thioester (= Schwefelanaloga) der ______ (7.3) sind aktivierte (energiereiche) Carbonsäurederivate im Stoffwechsel. Zu den ______ (7.4) gehören auch die Neutralfette (= ______) (7.5), Aromastoffe und das Schmerzmittel ______ (7.6). Zu den Stickstoff-Derivaten der Carbonsäuren, die man ______ (7.7) nennt, gehört beispielsweise das Schmerzmittel Paracetamol.

Dass die Carbonsäurederivate in der Chemie und Biochemie eine wichtige Rolle spielen, liegt an der Reaktivität ihrer ______ -gruppe (7.8) gegenüber ______ (7.9), die mit einem ______ (7.10) Elektronenpaar angreifen. Die sehr reaktiven Carbonsäure- ______ (7.11) (R-COCl) reagieren mit ______ (7.12) zur Carbonsäure; in wasserfreiem Milieu mit ______ (7.13) zu Estern und mit ______ (7.14) zu Amiden.

Der Merksatz „______ (7.15) und ______ (7.16) ergeben Ester und Wasser" beschreibt die ______ -sible (7.17) säurekatalysierte ______ (7.18) (Hinreaktion). Die Rückreaktion wird ______ (7.19) oder ______ (7.20) genannt. Es stellt sich ein ______ (7.21) ein, Hin- und Rückreaktion sind dann gleich ______ (7.22). Die als ______ (7.23) zugegebene Mineralsäure (z. B. HCl, H_2SO_4, H_3PO_4) senkt die ______ (7.24), dadurch werden Hin- und Rückreaktion gleichermaßen ______ (7.25). Unter alkalischen Bedingungen ist die Rückreaktion ______ -sibel (7.26), wobei als Produkte ______ (7.27) und die Salze der ______ (7.28) entstehen. Werden Neutralfette alkalisch z. B. mit wässriger NaOH oder KOH hydrolysiert (verseift), so schäumt die wässrige Lösung anschließend. Es sind Seifen entstanden. Die Natriumsalze der ______ (7.29) bezeichnet man als Kernseifen, die ______ (7.30) als Schmierseifen.

Enzymatisch werden Neutralfette durch Lipasen in ______ (7.31) und Fettsäuren gespalten. Die Fettsäuren können dann resorbiert und z. B. im Zuge der β-______ (7.32) zu Acetyl-Coenzym A abgebaut werden. Cyclische Ester heißen ______ (7.33), cyclische Amide ______ (7.34), sie kommen als Strukturelemente von ______ (7.35) vor, z. B. beim Erythromycin oder Penicillin.

Trainieren und Zuordnen

(8) Geben Sie bitte die Strukturformeln für folgende Derivate der Essigsäure an!

Essigsäurechlorid (= Acetylchlorid)	**Essigsäureamid (= Acetamid)**	**Essigsäureethylester (= Ethylacetat)**	**Essigsäureanhydrid (= Acetanhydrid)**
(8.1)	(8.2)	(8.3)	(8.4)

Rechnen mit Extrablatt

Tipps zum Lösungsweg: zuerst klären 1. Was ist gegeben? Was ist gefragt?/gesucht?
2. Reaktionsgleichung

Relative Atommassen (M_r): H = 1; Na = 23; C = 12; N = 14; O = 16, Cl = 35,5

(9) (9.1) 157 mg Acetylchlorid werden mit Ethanol gerührt und vollständig umgesetzt a) im Lösungsmittel $CHCl_3$, b) in Wasser. Formulieren Sie die Reaktionsgleichungen und benennen Sie die Produkte. Wie viel mg an Acetylprodukt erhalten Sie jeweils?

(9.2) Wie viel mg erhalten Sie, wenn die Ausbeute nur 75% beträgt?

(9.3) Was entsteht aus Benzoylchlorid und Anilin? ____________________. Formulieren Sie die Reaktionsgleichung. Sie setzen 0,325 g Anilin ein und erhalten das gewünschte Produkt in 80% Ausbeute. Wie viel mg Amid erhalten Sie?

(9.4) 10 mL-Enzymlösung sollen für einen Protein-Aktivitätstest einen Gehalt von 5 mM Dinatriummalonat aufweisen. Wie viel mg Dinatriummalonat wiegen Sie ein?

(9.5) Für Sie steht schon eine Dinatriummalonat-Lösung bereit (20 mg/mL). Wie viel mL müssen Sie davon für den vorstehenden Enzymtest einsetzen, um die 5 mM Dinatriummalonat-Lösung herzustellen?

Multiple Choice

(10) Es sollen 45 g Oxalsäure (HOOC-COOH) vollständig neutralisiert werden. Man benötigt dazu:

1 20 g NaOH
2 40 g NaOH
3 1 L einer 1 M Natronlauge
4 4 L einer 0,5 M Natronlauge
5 0,5 L einer 2 M Natronlauge

Welche Aussage trifft zu?

A Nur 1
B Nur 1 und 4
C Nur 2 und 5
D Nur 2, 3 und 5
E Nur 4 und 5

Trainieren und Zuordnen

(11) Formulieren Sie die Reaktionsgleichung für die typischen Reaktionen und benennen Sie die Produkte.

(11.1) Benzoylchlorid reagiert mit Ammoniak:

(11.2) Essigsäure reagiert mit Ammoniak:

(11.3) Buttersäure reagiert mit Methanol in Gegenwart von etwas H_3PO_4: (Was riechen Sie?)

(11.4) 2-Hydroxybenzoesäure reagiert mit Acetanhydrid:

(11.5) Acetylchlorid reagiert mit Butanthiol:

Netzdenken

(12) Lösen Sie das Kreuzworträtsel. Beginnen Sie das gesuchte Wort im Kästchen mit der Zahl (ä = ae, ö = oe).

1 Anion der Benzoesäure
2 Aldehyde entstehen so aus Carbonsäuren.
3 Diamid der Kohlensäure
4 Anion der Carbonsäuren
5 Phosphatgruppen liegen bei physiologischen pH-Werten als … vor.
6 Die saure Esterhydrolyse ist es.
7 Produkt aus Benzoesäurechlorid und NH_3
8 Funktion des Alkohols bei der Esterbildung
9 Salz der Brenztraubensäure
10 toxisches Oxidationsprodukt bei Methanolvergiftung
11 kugelförmige Aggregate von Fettsäureanionen in Wasser
12 Handelsname eines Schmerzmittel-Esters
13 Trivialname der *cis*-9-Octadecensäure
14 $^{-}OOC\text{-}CH_2\text{-}CH_2\text{-}COO^{-}$
15 cyclischer Ester
16 Produkt der Reaktion zweier Säuregruppen unter H_2O-Abspaltung
17 α-Hydroxypropionsäure
18 stabilisierender Effekt beim Carboxylat-Anion
19 Acetyl-CoA ist es.
20 Anion der Zitronensäure
21 Alkalisalze der Fettsäuren
22 Bakterien werden es leicht gegen Antibiotika.

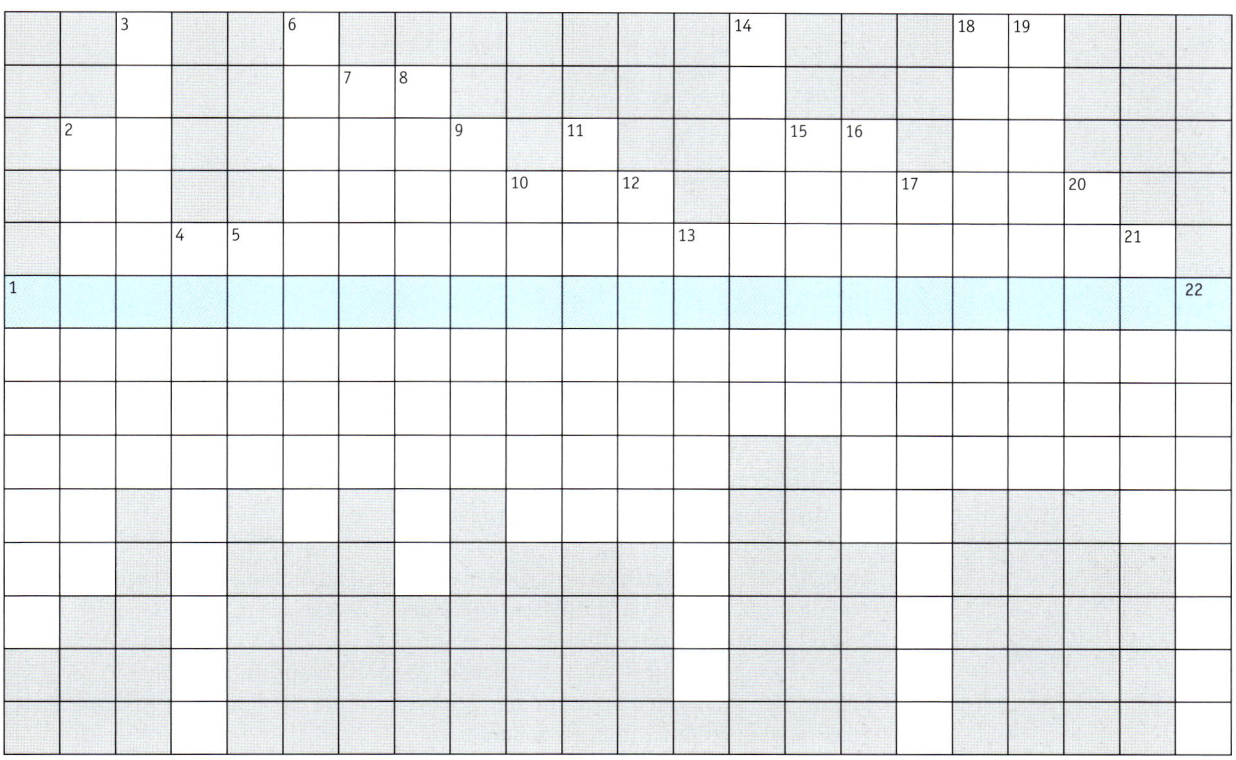

Lösungswort: ____________________

Trainieren und Zuordnen

(13) Vervollständigen Sie bitte die Reaktionsgleichung für folgende Verseifung. Die Reaktion ist irreversibel. Warum?

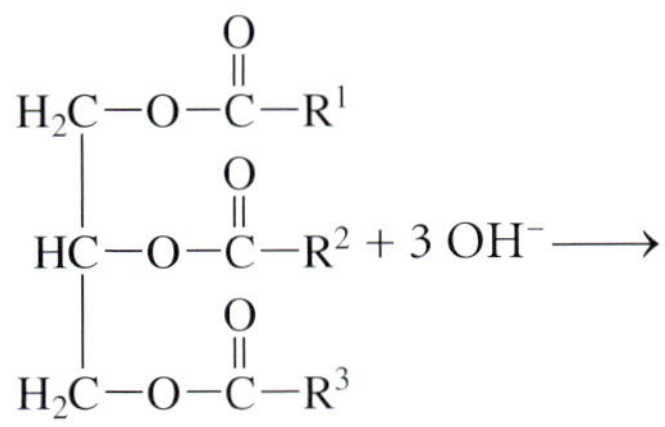

Multiple Choice

(14) Überlegen Sie sich den Mechanismus der alkalischen Esterspaltung!
Wo bleibt das Sauerstoffatom des bei der Reaktion beteiligten Hydroxidions (OH^-)?

- **A** Es bleibt am Alkali-Ion.
- **B** Es wird bei der Reaktion als H_2O freigesetzt.
- **C** Es hängt an der Carboxylatgruppe.
- **D** Es wird zur OH-Gruppe des Alkohols.
- **E** Es entweicht als O_2.

Multiple Choice

(15) Welche der folgenden Verbindungen enthalten **keine** Estergruppe?

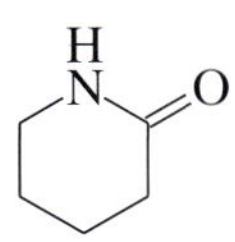
1

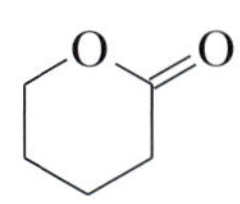
2

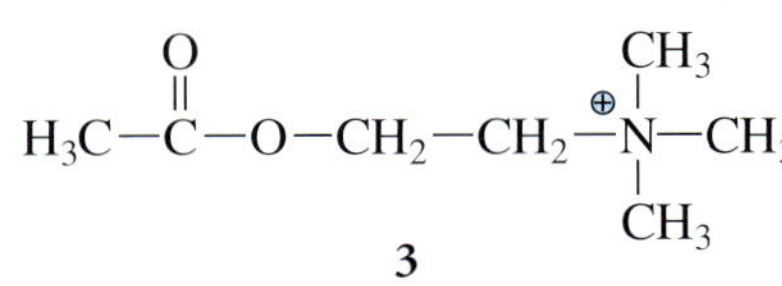
3

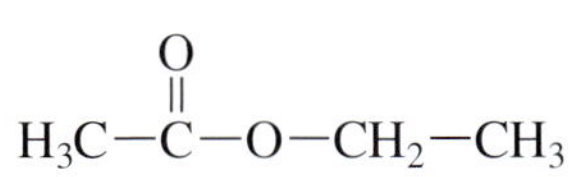
4

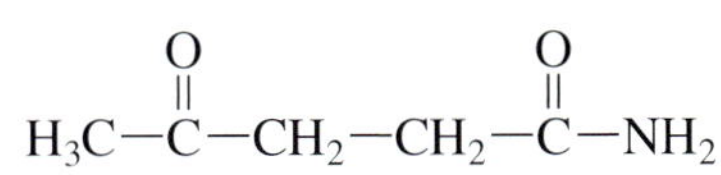
5

- **A** Nur 1 und 5
- **B** Nur 1 und 2
- **C** Nur 2 und 4
- **D** Nur 3, 4 und 5
- **E** Nur 5

Multiple Choice

(16) Welche Aussagen zu Triacylglycerinen treffen **nicht** zu?

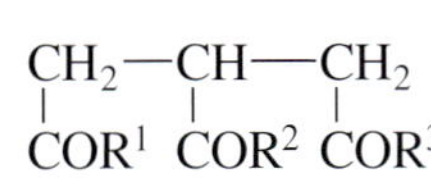

- **1** Triacylglycerine lassen sich durch obenstehende allgemeine Formel beschreiben.
- **2** Als Alkoholkomponente enthalten Triacylglycerine Glycerin.
- **3** Es sind hydrophile Verbindungen.
- **4** Die Triacylglycerine enthalten langkettige Monocarbonsäuren als Ester.
- **5** Die bei der alkalischen Spaltung der Triacylglycerine entstehenden Alkalisalze der Fettsäuren bezeichnet man als Seifen.

Antworten:

- **A** Nur 1 und 2
- **B** Nur 1 und 3
- **C** Nur 2 und 4
- **D** Nur 2, 3 und 4
- **E** Nur 3, 4 und 5

Multiple Choice

(17) Sie wollen eine säurekatalysierte Veresterung durchführen und eine hohe Ausbeute an Ester (bezogen auf eine fest vorgegebene Menge Säure) erhalten. Was würden Sie tun?

1 Die Menge des zugesetzten Katalysators drastisch erhöhen.
2 Den gebildeten Ester durch Abdestillieren kontinuierlich aus der Reaktionsmischung entfernen.
3 Die Menge des eingesetzten Alkohols drastisch erhöhen.
4 Die Reaktion bei gleicher Menge an Ausgangsverbindungen in einem überdimensionierten Reaktionsgefäß (z. B. Badewanne) durchführen.
5 Das gebildete Wasser fortlaufend durch ein wasserbindendes Mittel entziehen.

Welche Antwort trifft zu?

A Nur 1 und 3
B Nur 1, 2 und 4
C Nur 2 und 3
D Nur 2, 3 und 5
E Alle Angaben sind richtig.

Multiple Choice

(18) Acetyl-Coenzym A hat folgende Kurzformel: $H_3C{-}C({=}O){-}SCoA$
Welche der folgenden Aussagen trifft zu?

1 Acetyl-Coenzym A ist ein Thioester.
2 Acetyl-Coenzym A ist energiereicher als ein normaler Ester.
3 Acetyl-Coenzym A entsteht bei der β-Oxidation von Fettsäuren.
4 Acetyl-Coenzym A wird in den Citratzyklus eingespeist.
5 Coenzym A ist ein Thiol.

Antworten:

A Nur 1 und 2
B Nur 1, 2 und 5
C Nur 2, 3 und 4
D Nur 3 und 4
E Alle Aussagen treffen zu.

Medizin und Alltag

(19) Penicillin ist ein ____________ (19.1), das zur Behandlung von Infektionskrankheiten eingesetzt wird, deren Ursache ________________ (19.2) sind. Chemisch gesehen enthält es einen β-________-Ring (19.3), eine weitere ________-Gruppe (19.4) sowie eine freie _________-Gruppe (19.5). Penicillin hemmt das Wachstum gram-_________ (19.6) Bakterien durch Störung des Aufbaus der ____________ (19.7). Penicilline sind nicht _________ (19.8), es gibt jedoch Patienten, die auf Penicilline ___________ (19.9) reagieren. Bakterien entwickeln leicht Enzyme (β-____________) (19.10), die Penicilline abbauen, bevor sie wirken können. Solche Bakterien sind gegen Penicillin ________ (19.11). Im klinischen Alltag ist die Antibiotika-____________ (19.12) zu einem __________ (19.13) Problem geworden. Der _________ (19.14) und ____________ (19.15) Einsatz der Antibiotika hat erheblich dazu beigetragen.

17 Derivate anorganischer Säuren

Ouvertüre

(1) Im Stoffwechsel spielen neben Salzsäure (HCl, Magensaft) die drei anorganischen Säuren (Mineralsäuren) ______________ (1.1) (H_2CO_3), Phosphorsäure (________) (1.2) und ________________ (1.3) (H_2SO_4) bzw. deren Anionen eine wichtige Rolle. Phosphorsäure ist ____ -protonig (1.4), d.h. es können nacheinander _____ (1.5) __________ (1.6) abgegeben werden. Die Anionen, die nacheinander entstehen, heißen ________________ (1.7) ($H_2PO_4^{\ominus}$), ____________________ (1.8) ($HPO_4^{2\ominus}$) und ___________ (1.9) ($PO_4^{3\ominus}$). Der pK_{s1} (= 2,0) der Phosphorsäure ist ________ (1.10) als der pK_{s2} und dieser wiederum ___________ (1.11) als der pK_{s3}. Bei physiologischen pH-Werten (pH = 7,0–7,5) ist das ________ (1.12) _____________ (1.13) vollständig abgespalten und das __________ (1.14) zur Hälfte, es liegen also $H_2PO_4^{\ominus}$ und $HPO_4^{2\ominus}$ im Gemisch vor. Das wichtigste Derivat der ______________ (1.15) (H_2CO_3) ist das Diamid (= __________, 1.16). Von der Phosphorsäure sind die Mono- und Di- ________ (1.17) bedeutend sowie die __________ (1.18), wie z.B. beim ATP.

Trainieren und Zuordnen

(2) Zeichnen Sie die Strukturformeln von H_2CO_3 (2.1), Phosphorsäure (2.2) und H_2SO_4 (2.3) und markieren Sie die abspaltbaren Protonen.

2.1	2.2	2.3

Welche der Säuren ist die stärkste und warum? (2.4)

Trainieren und Zuordnen

(3) Die OH-Gruppen der Säuren aus Aufgabe (2) entsprechen der OH-Gruppe einer Carboxylgruppe, sie sind deprotonierbar.
Zeichnen Sie die Strukturformel der Carboxylgruppe (mit allen freien Elektronenpaaren) und markieren Sie die OH-Gruppe (3.1). Zeichnen Sie erneut die Strukturformeln der Säuren aus Aufgabe (2) mit allen freien Elektronenpaaren und markieren Sie die OH-Gruppen (3.2, 3.3, 3.4).

3.1	3.2	3.3	3.4

Trainieren und Zuordnen

(4) Durch Ersatz der OH-Gruppe in der Carboxylgruppe einer Carbonsäure durch andere Reste gelangt man zu Carbonsäurederivaten. Analog kann man bei der Phosphorsäure und der Kohlensäure verfahren. Zeichnen Sie in die Kästen die jeweilige Strukturformel.

Carbonsäure 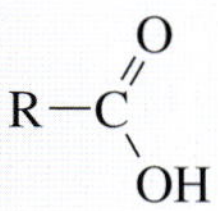	Ester (mit R'OH als Alkohol) 4.1	Amid (mit NH_3 als Amin) 4.2	Anhydrid (aus zwei Molekülen der Säure) 4.3
Phosphorsäure 4.4	Monoester 4.5	Diester 4.6	Anhydrid 4.7
Kohlensäure 4.8		Carbaminsäure (Monoamid) 4.9	Harnstoff (Diamid) 4.10

Welche der von Ihnen gezeichneten Verbindungen sind vergleichsweise reaktiv (energiereich) und warum? (4.11)

Multiple Choice

(5) Das abgebildete Carbamoylphosphat spielt u. a. im Harnstoffzyklus und bei der Pyrimidinnucleotid-Biosynthese eine Rolle.

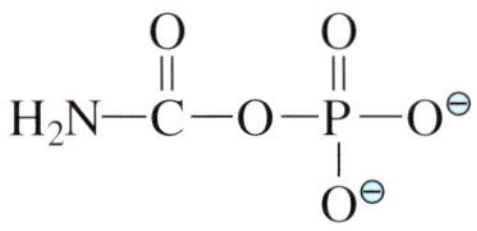

Welche Angabe zu den enthaltenen Strukturelementen trifft **nicht** zu?

- **A** Amid
- **B** Ester
- **C** gemischtes Anhydrid
- **D** Derivat der Kohlensäure
- **E** Derivat der Phosphorsäure

F17

Trainieren und Zuordnen

(6) Markieren Sie in den folgenden Verbindungen alle Esterbindungen und alle Anhydridbindungen.

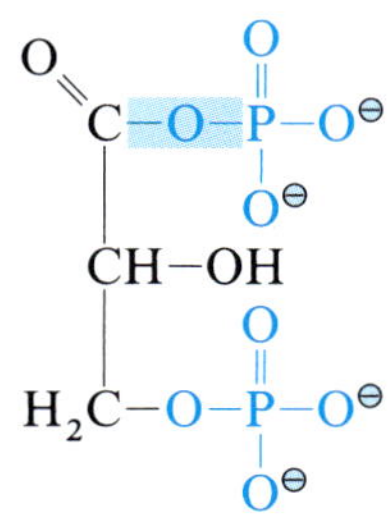

1,3-Bisphosphoglycerat (6.1)

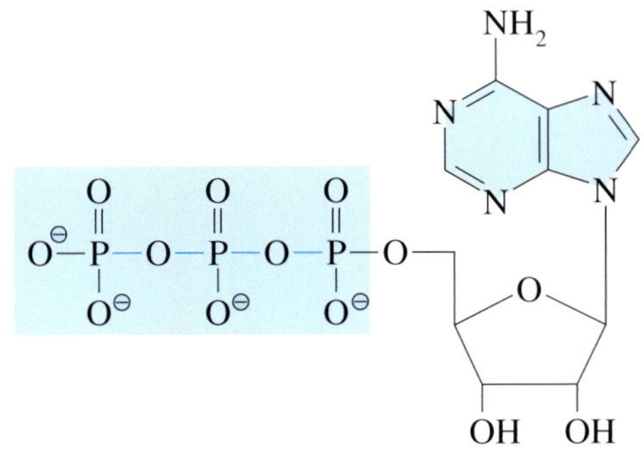

Adenosintriphosphat (ATP) (6.2)

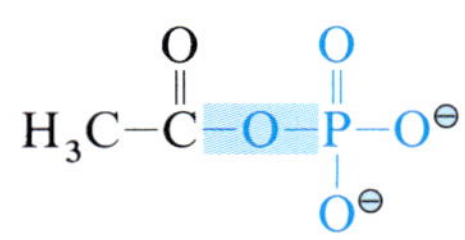

Acetylphosphat (6.3)

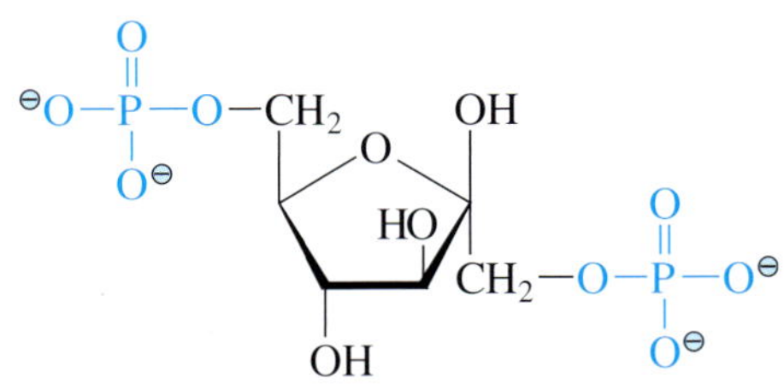

Fructose-1,6-bisphosphat (6.4)

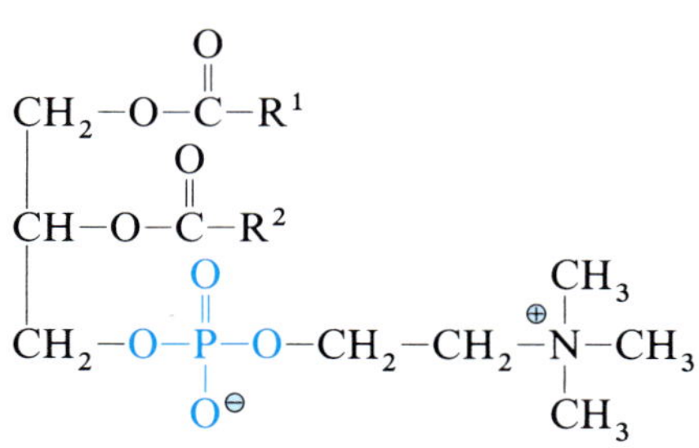

Lecithin (6.5)

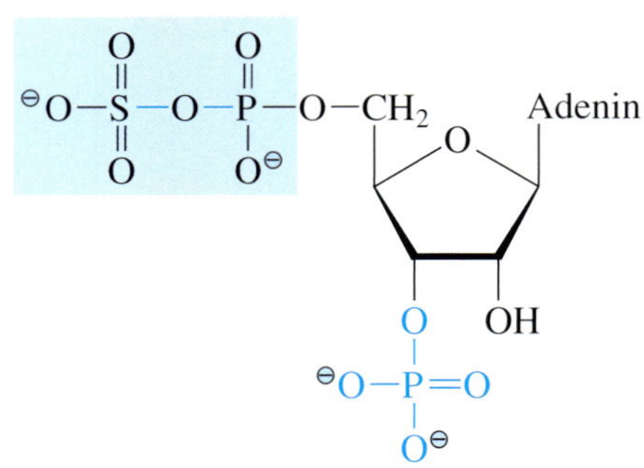

3'-Phosphoadenosin-5'-phosphosulfat (PAPS) (6.6)

Welche Verbindungen sind energiereich, d.h. besonders reaktiv gegenüber Nucleophilen wie z.B. Wasser? (6.7)

Trainieren und Zuordnen

(7) Bei den Sulfonsäuren (R-SO_3H) ist eine OH-Gruppe der ______________ (7.1) durch einen organischen Rest ersetzt. Die verbleibende OH-Gruppe ist ähnlich ______________ (7.2) wie in der Schwefelsäure und durch den SO_3H-Rest wird ein organisches Molekül ______________ (7.3).

Die OH-Gruppe der ______________ (7.4) kann wie die der Carbonsäuren ersetzt werden. Man erhält entsprechende ______________ (7.5)

Zeichnen Sie die Strukturformeln folgender Verbindungen.

7.6	7.7	7.8
R-SO_3H Sulfonsäure	R-SO_2Cl Sulfonsäurechlorid	R-SO_2NH_2 Sulfonsäureamid

Medizin und Alltag

(8) Die so genannten Sulfonamide, die als Chemotherapeutika bei bakteriellen Infektionen eingesetzt werden, leiten sich vom *p*-Amino-benzolsulfonsäureamid ab. Leiten Sie sich die Strukturformel aus dem Namen ab. (8.1)
Sulfonamide sind Antagonisten der *p*-Aminobenzoesäure bei der bakteriellen Biosynthese der Tetrahydrofolsäure. Zeichnen Sie die Strukturformel der *p*-Aminobenzoesäure (8.2)

8.1	8.2

Multiple Choice

(9) Welche der folgenden Verbindungen enthält **keinen** Phosphatrest?

- **A** ATP
- **B** Triacylglycerine
- **C** RNA
- **D** Lecithin
- **E** PEP

Multiple Choice

(10) Welche Aussage zu Phospholipiden ist **richtig**?

1. Phospholipide sind wichtige Bestandteile biologischer Membranen.
2. Phospholipide unterscheiden sich von Triacylglycerinen nur dadurch, dass alle Sauerstoffatome durch Phosphor ersetzt wurden.
3. Wie Triacylglycerine können auch Phospholipide durch NaOH gespalten werden.
4. Cholesterin ist ein typisches Phospholipid.
5. In den Phospholipiden ist die Phosphorsäure verestert.

Antworten:

- **A** Nur 1 und 3
- **B** Nur 1, 3 und 5
- **C** Nur 3 und 5
- **D** Nur 2 und 4
- **E** Nur 2 und 5

Multiple Choice

(11) Welche Aussage zum PAF (platelet activating factor), der bei der Blutgerinnung eine wichtige Rolle spielt, trifft **nicht** zu?

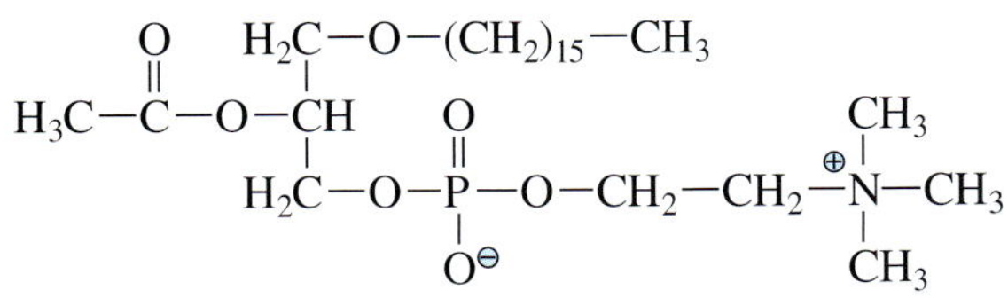

- **A** Bei der alkalischen Verseifung entsteht u. a. Palmitinsäure.
- **B** PAF enthält zwei Phosphorsäureester-Bindungen.
- **C** Essigsäure ist als Ester gebunden.
- **D** Ein C_{16}-Alkylrest ist als Ether gebunden.
- **E** PAF enthält Glycerin (*engl.* glycerol) als Baustein.

18 Stereochemie

Ouvertüre

(1) Von vielen Objekten existiert ein ______________ (1.1), das sich mit dem ursprünglichen Objekt ________ (1.2) zur Deckung bringen lässt. Die zugrunde liegende Spiegel-__________ (1.3) bestimmt auch den ___________ (1.4) des Menschen, was sich eindrücklich z. B. aus der Betrachtung der ________ (1.5) ergibt. Was im Makroskopischen mit dem Auge sichtbar ist, gibt es auch auf der Ebene der __________ (1.6). Man verwendet in der Chemie für dieses Phänomen den Begriff ____________ (1.7) (= Händigkeit).
Die Ursache für das Bild/Spiegelbild-Phänomen lässt sich am Beispiel der α-Hydroxypropionsäure (= ______________, 1.8) aufzeigen. Die Verbindung H_3C-CH(OH)-COOH enthält in der Mitte ein ____ -hybridisiertes (1.9), und damit ein _____________ (1.10) C-Atom, das vier __________ (1.11) Substituenten trägt. Es lassen sich jetzt ______ (1.12) Moleküle zeichnen, die sich wie Bild und Spiegelbild verhalten. Man bezeichnet ein derartiges ________ -paar (1.13) als ______________ (1.14). Das Molekül als solches ist ________ (1.15) und das tetraedrische C-Atom, von dem die Chiralität ausgeht, bezeichnet man als __________________ (1.16).
Die meisten organischen Moleküle der Biosphäre (z. B. Proteine, DNA, Polysaccharide) sind ________ (1.17), weil sie aus chiralen __________ (1.18) zusammengesetzt sind. Diese Tatsache wird zur ___________ (1.19) Erkennung genutzt, d. h. ein chirales Enzym erkennt entweder das Bild oder das ____________ (1.20) des Substrats, aber _______ (1.21) beide. Dies entspricht dem Schlüssel/ ________ (1.22) Prinzip.

Multiple Choice

(2) Welche der folgenden Verbindungen enthalten jeweils ein Chiralitätszentrum?

1

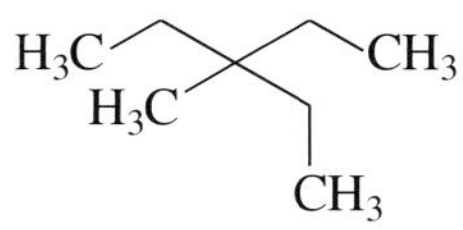

2

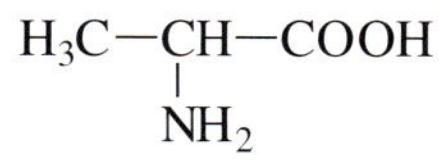

3

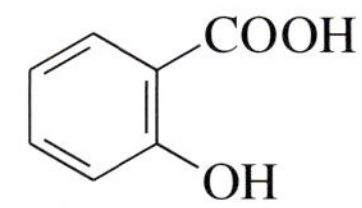

4

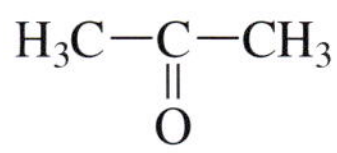

5

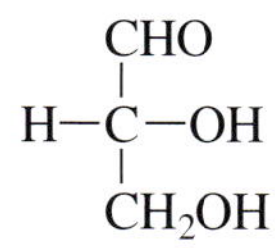

- **A** Nur 1, 2 und 4
- **B** Nur 1, 2 und 5
- **C** Nur 2 und 5
- **D** Nur 3 und 5
- **E** Nur 4

Multiple Choice

(3) Wie viele Chiralitätszentren enthalten die abgebildeten Verbindungen?

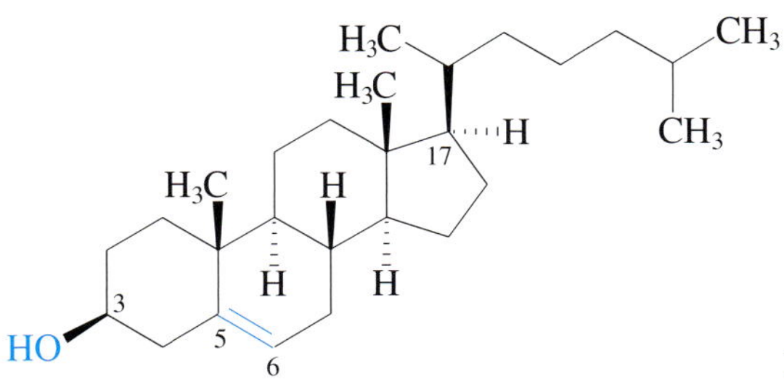

(3.1) Cholesterin

- **A** 6
- **B** 7
- **C** 8
- **D** 9
- **E** 10

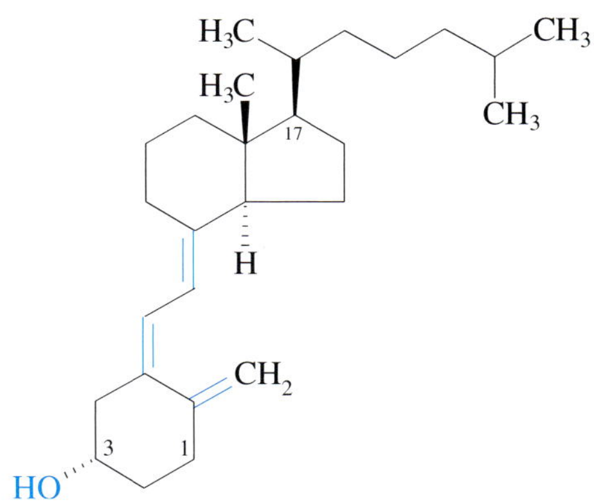

(3.2) Vitamin D_3

- **A** 3
- **B** 4
- **C** 5
- **D** 6
- **E** 7

Trainieren und Zuordnen

(4) Zeichnen Sie das Enantiomere zu den nachfolgenden Verbindungen und benennen Sie es nach der D/L- und nach der *R*/*S*-Nomenklatur.

(4.1)

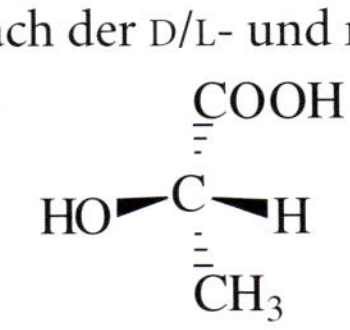

(4.2)

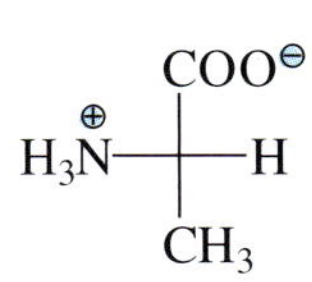

(4.3)

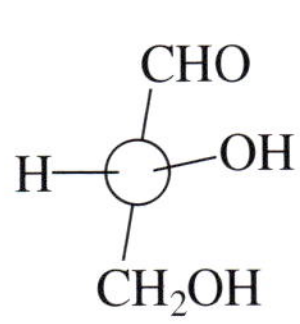

(4.4)

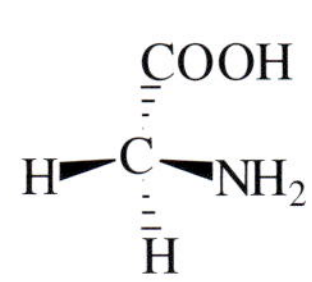

Lückentext

(5) Die Fischer-Projektion ist eine vereinfachte ______________ (5.1), um die ______________ (5.2) eines Moleküls abzubilden. Die ____ dimensionale (5.3) perspektivische Anordnung des __________ (5.4) Chiralitätszentrums wird zweidimensional. Um die Fischer-Projektion zu lesen, bedarf es bestimmter ________ (5.5). Die _________ (5.6) C-Atom-Kette wird ___________ (5.7) angeordnet. Das am _______ (5.8) oxidierte C-Atom steht ______ (5.9), die ____________ (5.10) angeordneten Substituenten zeigen nach vorn, die senkrecht angeordneten nach hinten. Aus der Fischer-Projektion leitet sich die ____-Nomenklatur (5.11) ab, die bevorzugt für Aminosäuren, Hydroxysäuren und einfache _________ (5.12) verwendet wird. Werden die Regeln beim Aufschreiben beachtet, erhält man die D-Konfiguration, wenn die Hydroxy- oder Aminogruppe an der waagerechten Bindung nach ______ (5.13), die __-Konfiguration (5.14), wenn sie nach _______ (5.15) zeigt.

Trainieren und Zuordnen

(6) Prüfen Sie die Angaben zu den beiden nachstehenden Hydroxyaldehyden.

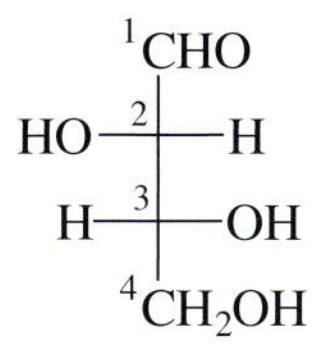

A

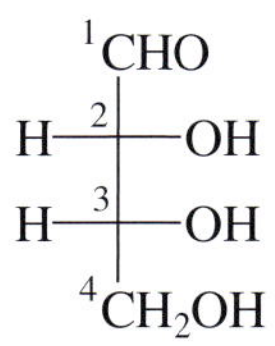

B

		Richtig	Falsch
(6.1)	A und B sind Isomere.		
(6.2)	A und B sind Konfigurationsisomere.		
(6.3)	A und B enthalten zwei Chiralitätszentren.		
(6.4)	A und B sind Enantiomere.		
(6.5)	A und B sind Diastereomere.		
(6.6)	A und B besitzen an C-3 L-Konfiguration.		
(6.7)	A zeigt die *erythro*-, B die *threo*-Form.		
(6.8)	Zu A und B gibt es zwei weitere Konfigurationsisomere.		
(6.9)	B ist eine *meso*-Form.		
(6.10)	A und B stimmen im Drehwert überein.		
(6.11)	A und B sind optisch aktiv.		
(6.12)	A und B unterscheiden sich in den chemischen und physikalischen Eigenschaften.		

Trainieren und Zuordnen

(7) Beantworten Sie folgende Fragen.

(7.1) Was ist eine Racematspaltung?

(7.2) Was versteht man unter optischer Aktivität?

(7.3) Erklären Sie am Beispiel der Weinsäure HOOC-CH(OH)-CH(OH)-COOH was eine *meso*-Form ist.

Multiple Choice

(8) Was kann man tun, um aus einem Racemat eines der Enantiomeren rein zu erhalten?

1. Ein Enzym einsetzen, das nur eines der Enantiomeren umsetzt, und dann die Produkte trennen.
2. Ein chirales Hilfsreagens einsetzen und dann eine Trennung durchführen.
3. Eine Chromatographie an einem chiralen Trägermaterial durchführen.
4. Eine Destillation durchführen.
5. Eine chemische Reaktion mit achiralen Reagenzien durchführen.

Welche Antwort trifft zu?

- **A** Nur 1, 2 und 3
- **B** Nur 1 und 5
- **C** Nur 2 und 3
- **D** Nur 4 und 5
- **E** Alle Aussagen treffen zu

Netzdenken

(9) Lösen Sie das Kreuzworträtsel. Beginnen Sie das Lösungswort im Kästchen mit der Zahl. (ä = ae)

1. Ein Molekül mit vier verschiedenen Substituenten an einem tetraedrischen C-Atom ist es.
2. D- und L-Milchsäure sind es zueinander.
3. Name eines Zucker-Chemikers, nach dem eine Projektionsschreibweise benannt wurde
4. Stereoisomere, die keine Enantiomere sind.
5. Überbegriff für organische Moleküle, die in der Summenformel übereinstimmen, aber nicht in der Struktur
6. Sessel- und Wannenform des Cyclohexans unterscheiden sich darin.
7. Bei Anwendung der *R*/*S*-Nomenklatur werden die Substituenten am Chiralitätszentrum danach geordnet

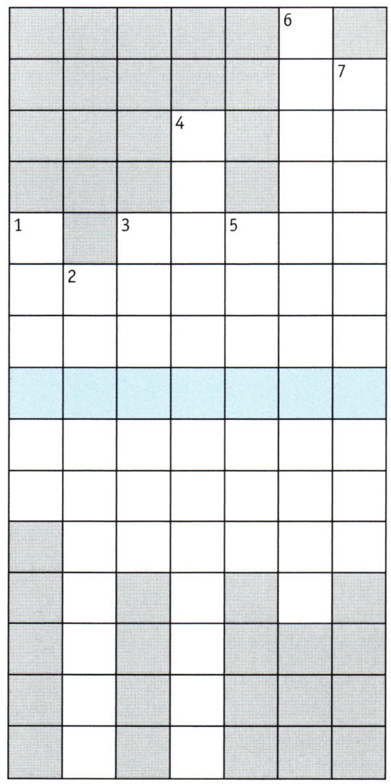

Lösungswort: ______________________________

Netzdenken

(10) Tragen Sie in das Isomerie-Schema die folgenden Begriffe sinngemäß ein: Konformere, Stereoisomere, Isomere, Konstitutionsisomere, Konfigurationsisomere. Ergänzen Sie Kästen für die Isomeren mit Chiralitätszentren (Enantiomere, Diastereomere) am richtigen Feld (10.6).

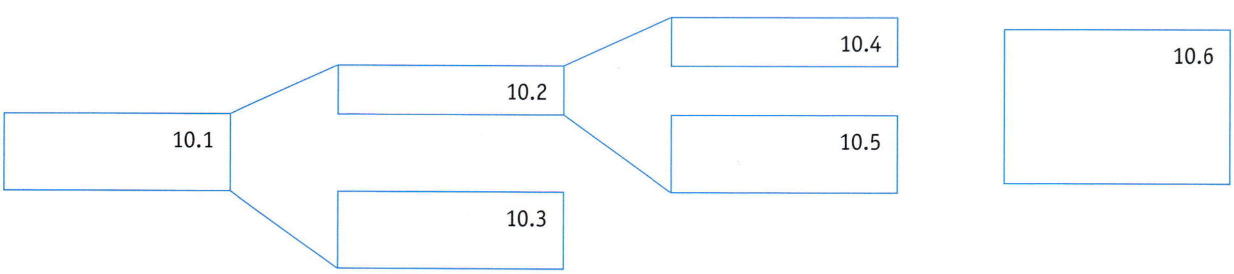

Trainieren und Zuordnen

(11) Die Formeln A bis E sind verschiedene Schreibweisen einer Hexopyranose. Kreuzen Sie in der Tabelle an, welche von den drei **K-Begriffen** durch die Formel eindeutig festgelegt sind.

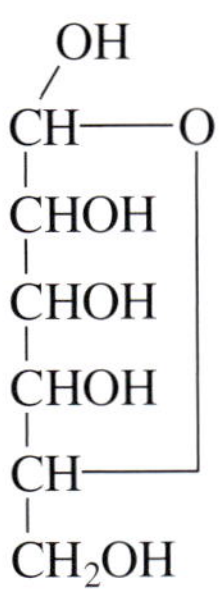

A

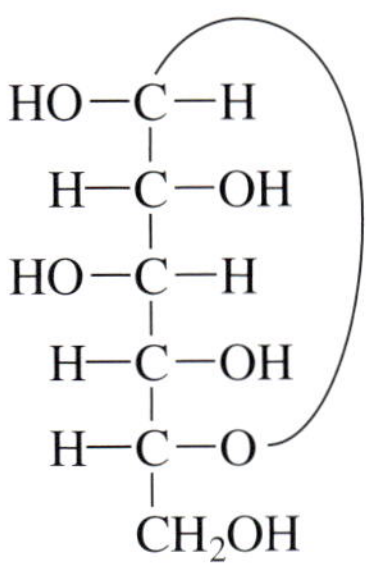

B

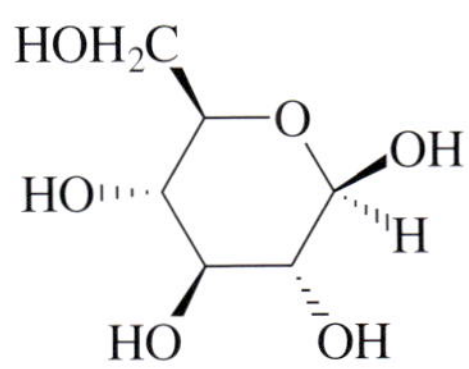

C

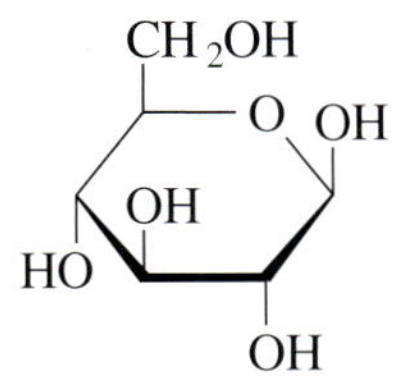

D

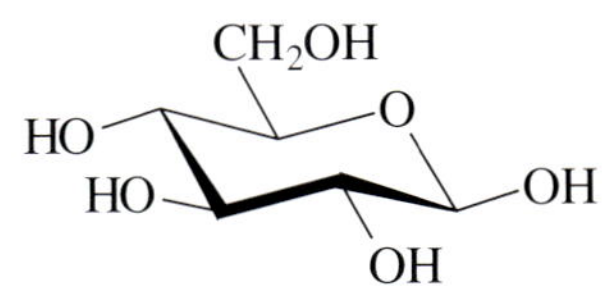

E

	Konstitution (11.1)	Konfiguration (11.2)	Konformation (11.3)
A			
B			
C			
D			
E			

Multiple Choice

(12) Welche Aussage zur Citronensäure trifft **nicht** zu?

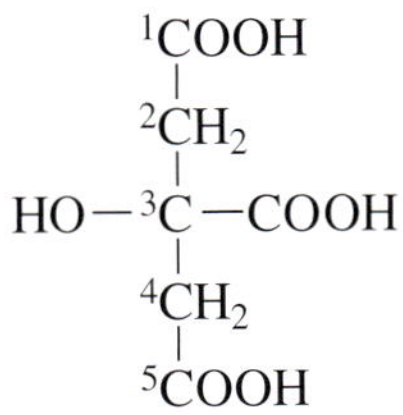

A C-3 ist ein Chiralitätszentrum.
B C-3 ist prochiral.
C C-2 und C-4 sind prochiral.
D Es liegt eine *meso*-Form vor.
E Enzyme können z. B. bei der Wasserabspaltung die obere Hälfte von der unteren unterscheiden.

Medizin und Alltag

(13) Welche Aussage trifft **nicht** zu?
Thalidomid (= Contergan)

A wirkt teratogen
B ist ein gutes Schlafmittel
C wirkt gegen Lepra
D ist heute in Deutschland als Heilmittel frei verkäuflich
E wirkt gegen Multiples Myelom

F18

19 Aminosäuren und Peptide

Ouvertüre

„Wenn man bedenkt, dass die Faserproteine der Haut, das Keratin, das wichtigste Muskelprotein Myosin und nun auch das Fibrinogen des Blutes sich alle von der gleichen Molekülgestalt ableiten und deshalb wahrscheinlich allesamt Ausprägungen einer einzigen Grundidee sind, so blicken wir hier wohl auf eines der großen Koordinationsprinzipien im Stammbaum der biologischen Moleküle." *(K. Bailey, W.T. Astbury, K. M. Rudall in* Nature, ***1943****)*

(1) Sprechen wir von Aminosäuren, so sind damit in der Regel α-Aminocarbonsäuren mit der allgemeinen Formel R-CH(NH_2)- _______(1.1) gemeint, die am C-Atom benachbart zur _________-Gruppe (1.2) eine primäre Aminogruppe tragen. Das entstehende Stereozentrum weist die ___-Konfiguration (1.3) (*S*-Konfiguration nach der *R*/*S*-Nomenklatur) auf. Ausnahme ist die kleinste Aminosäure _________ (1.4), die _______ (1.5) Stereozentrum hat. Wegen der basischen _____-Gruppe (1.6) und der sauren _______-Gruppe (1.7) im selben Molekül sind Aminosäuren _____________ (1.8), sie liegen in Wasser als __________-ionen (1.9) vor. Die ___ (1.10) proteinogenen Aminosäuren unterscheiden sich in ihrem __________________ (1.11) Punkt, der von den ____-Werten (1.12) der funktionellen Gruppe abhängt. Der ________________ (1.13) Punkt (pH_I) einer Aminosäure entspricht dem _________ (1.14) der Lösung, an dem das Aminosäuremolekül nach außen hin ______________ (1.15) ist und in der Elektrophorese keine ____________ (1.16) zeigt. Liegt der isoelektrische Punkt im _________ (1.17) pH-Bereich ($pH_I < 5$), spricht man von _________ (1.18) Aminosäuren (z.B. __________________, 1.19). ____________ (1.20) Aminosäuren (z.B. _________, 1.21) haben einen pH_I-Wert > 8. Dazwischen liegen die isoelektrischen Punkte für ___________ (1.22) Aminosäuren (z.B. Phenylalanin oder ________, 1.23). Auch Peptide oder Proteine haben einen ______________________ (1.24) isoelektrischen Punkt.

Tipp: Zeichnen Sie die Aminosäuren handschriftlich immer in der Fischer-Projektion! Sie erhalten die richtige Stereochemie und das Zeichnen von Peptidbindungen ist vereinfacht! Sie machen weniger Fehler!

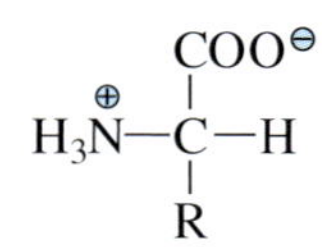

Medizin und Alltag

(2) Was sind essenzielle Aminosäuren (2.1)? Welche Konsequenzen hat das für die Ernährung (2.2)? Nennen Sie drei Beispiele (2.3).

Trainieren und Zuordnen

(3) Aminosäuren liegen als Zwitterionen vor und sind damit Ampholyte. In wässriger Lösung werden sie durch Zugabe von $OH^{\ominus}$-Ionen deprotoniert, durch Zugabe von $H^{\oplus}$-Ionen protoniert. Deshalb ist die Wanderung einer Aminosäure im elektrischen Feld (Elektrophorese) vom pH-Wert abhängig. Zeigen Sie das am Beispiel des Alanins (Strukturformeln in der Fischer-Projektion).

Anion (3.1) $\xrightleftharpoons[+ OH^{\ominus}\ - H_2O]{+ H^{\oplus}}$ Zwitterion (3.2) $\xrightleftharpoons[+ OH^{\ominus}\ - H_2O]{+ H^{\oplus}}$ Kation (3.3)

Wanderung im elektrischen Feld (3.4):	Wanderung im elektrischen Feld (3.5):	Wanderung im elektrischen Feld (3.6):

Trainieren und Zuordnen

(4) Begründen Sie den Unterschied in den Schmelzpunkten für das L-Alanin (Smp. 314 °C) und Milchsäure (53 °C) mithilfe der Strukturformeln.

Formeln:

Trainieren und Zuordnen

(5) Vervollständigen Sie folgende Tabelle. Beginnen Sie mit der Strukturformel als Zwitterion und markieren Sie in der Formel gemeinsame Strukturmerkmale der Aminosäuren.

Name	L-Alanin	L-Phenylalanin	L-Lysin	L-Cystein	L-Glutaminsäure
Dreibuchstaben-code	(5.1)	(5.2)	(5.3)	(5.4)	(5.5)
Strukturformel als Zwitterion, gemeinsame Strukturmerkmale markieren	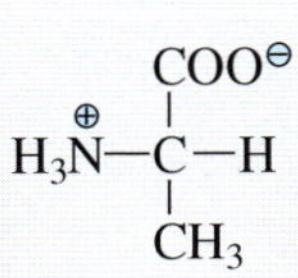	(5.6)	(5.7)	(5.8)	(5.9)

F19

Fortsetzung

Name	L-Alanin	L-Phenylalanin	L-Lysin	L-Cystein	L-Glutaminsäure
Ladung bei pH = 2 (5.10)					
Ladung bei pH = 9,7 (5.11)					
Wanderungsrichtung bei der Elektrophorese bei pH = 5 – 6?	(5.12)	(5.13)	(5.14)	(5.15)	(5.16)
Saure, basische oder neutrale Aminosäure?	(5.17)	(5.18)	(5.19)	(5.20)	(5.21)

Trainieren und Zuordnen

Mit der Nahrung aufgenommen, werden die Peptidbindungen in Magen und Darm durch Peptidasen/Proteasen hydrolysiert, die Disulfidbrücke kann jedoch nur in der Leber gespalten werden.

(6) Die SH-Gruppe des Cysteins kann unter Oxidation Disulfidbrücken bilden, Cystein wird zum Cystin.

Formulieren Sie die Reaktion (6.1).

Geben Sie die Strukturformel des Tripeptids von H • Gly • Cys • Ala • OH an und markieren Sie die Peptidbindungen (6.2).

Formulieren Sie die Hydrolyse-Reaktion des Tripeptids (6.3). (Alle Aminosäuren in der Neutralform zeichnen.)

(6.1)

(6.2 + 6.3)

Rechnen mit Extrablatt

(7) Zu 50 mL einer wässrigen 0,1 M Alanin-Lösung werden 200 mg Natriumhydroxid zugegeben. Formulieren Sie die Reaktionsgleichung. Welche Produkte entstehen? Wie viel Gramm des Alanin-Produkts entstehen (7.1)?

Geben Sie die Strukturformel von Serin an (als Zwitterion) und berechnen Sie den isoelektrischen Punkt, $pK_{S1} = 2{,}2$ und $pK_{S2} = 9{,}2$ (7.2).

Trainieren und Sammeln

(8) Welche Eigenschaften und Reaktionen sind für Aminosäuren typisch? Geben Sie ausgehend von Cystein die Produkte an (Strukturformeln und Namen), bei den Dipeptiden den Dreibuchstabencode verwenden.

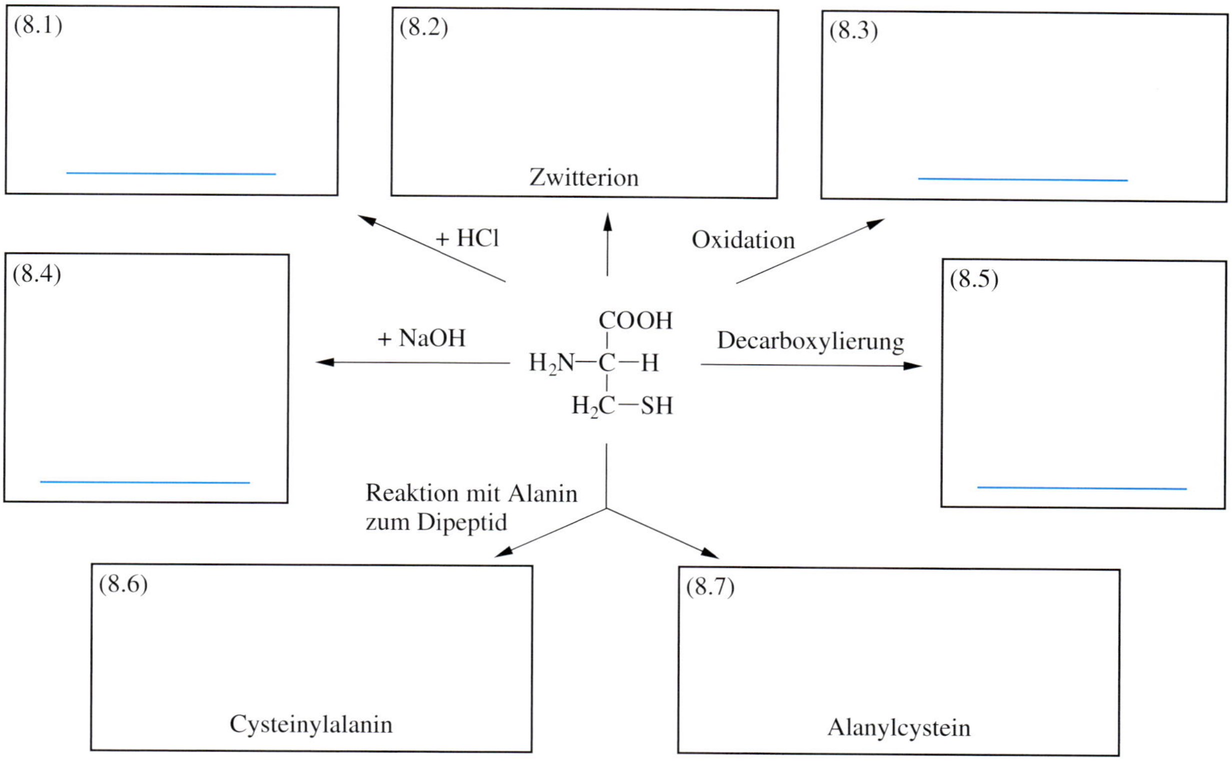

Trainieren mit Extrablatt

(9) Zeichnen Sie das Tripeptid H • Gly • Glu • Ser • OH (Strukturformel) und markieren Sie das Amino- und Carboxylende (9.1). Wie viele Sequenzisomere gibt es (9.2)?
Zum Kniffeln: Die Vielfalt der Natur zeigt sich z. B. in der Zahl denkbarer Peptide. Wie groß ist die Zahl der sequenzisomeren Decapeptide, die sich aus zehn verschiedenen Aminosäuren zusammensetzen (9.3)?

Lückentext

(10) Die Bildung einer Peptidbindung bedeutet, dass Aminosäuren durch ______-bindungen (10.1) unter Abspaltung von ______ (10.2) miteinander verknüpft werden. So können Aminosäuren Ketten bilden, die man ______ (10.3) (bis etwa 20 Aminosäuren), ______ (10.4) oder ______ (10.5) (M_R > 10 kDa) nennt. Die Schreibweise für Peptide mit 3-Buchstaben-Abkürzungen ist folgendermaßen definiert: links steht das Aminoende (______, 10.6), ______ (10.7) das Carboxylende (______, 10.8). Für Alanylglycin gilt also ______ (10.9). Die Aminosäuresequenz eines Polypeptids bezeichnet man als ______-struktur (10.10). Die ______-struktur (10.11) ist dann die übergeordnete lokale räumliche Anordnung, Wasserstoffbrücken stabilisieren dabei ______- (10.12) und ______-Strukturen (10.13). Die gesamte dreidimensionale Struktur einer Peptidkette nennt man ______-struktur (10.14), beispielsweise bilden hier Cysteinreste kovalente ______ (10.15) aus. Mehrere peptidische ______ (10.16) führen zur ______-struktur (10.17) von Proteinen.

F19

Trainieren und Zuordnen

Für das Ausbrechen der Rinderseuche BSE (engl.: bovine spongiform encephalopathy) sind weder Viren noch Bakterien verantwortlich. 1997 wurde der Nobelpreis an Stanley Prusiner für die Idee verliehen, als Ursache Prionen zu sehen. Dies sind Proteine, die in einer „falschen" Konformation vorkommen können. Diese Fehlorientierung führt im Gehirn der Tiere zu weitreichenden Änderungen in der Faltung und Konformation anderer Proteine.

(11) Welche Bindungstypen oder Wechselwirkungen bestimmen die Tertiärstruktur eines Peptids oder Proteins?

(11.1) ____________________

(11.2) ____________________

(11.3) ____________________

(11.4) ____________________

(11.5) ____________________

(11.6) ____________________

Trainieren und Zuordnen

(12) Bewerten Sie folgende Aussagen.

		Richtig	Falsch
(12.1)	In wässriger Lösung liegen Aminosäuren doppelt positiv geladen vor.		
(12.2)	Glycin kann zur Herstellung von Pufferlösungen verwendet werden.		
(12.3)	Biogene Amine entstehen durch Dehydratisierung von Aminosäuren (Beispiel: Allergie-Mediator Histamin).		
(12.4)	Serin, Cystein und Lysin tragen ein Heteroatom in der Seitenkette.		
(12.5)	Die Bildung einer Peptidbindung unter Wasserabspaltung bezeichnet man auch als Kondensation.		
(12.6)	Jede Peptidbindung ist eine Carbonsäureamidbindung.		
(12.7)	Glutamin enthält eine Amidbindung in der Seitenkette.		
(12.8)	D- und L-Alanin sind Enantiomere.		
(12.9)	Die Primärstruktur einer Peptidkette beschreibt Art, Zahl und Reihenfolge der Aminosäuren.		
(12.10)	H • Ala • Gly • Cys • OH und H • Gly • Ala • Cys • OH sind Sequenzisomere.		
(12.11)	β-Faltblatt und α-Helix beschreiben die Tertiärstruktur von Peptiden.		
(12.12)	Die Denaturierung von Proteinen durch Erhitzen ist in der Regel reversibel.		
(12.13)	6 M HCl hydrolisiert bei 100 °C ein Peptid in die Aminosäuren.		

Rechnen

(13)

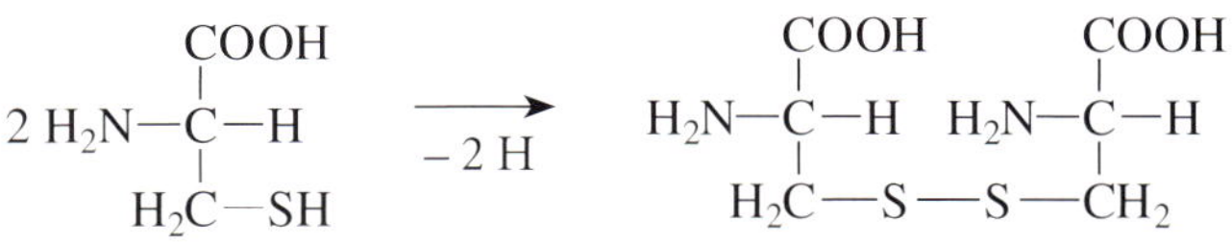

Cystein Cystin

Bei der Oxidation von 60,5 g Cystein wiegen Sie nach Ende der Reaktion 30,0 g Cystin aus. Wie groß (in %) ist die molare Ausbeute an Cystin bezogen auf Cystein? (Atommassen: C =12, H = 1, N = 14, O = 16, S = 32)

Medizin und Alltag

(14) Insulin ist ein endokrines Peptidhormon, das den menschlichen Zuckerstoffwechsel entscheidend steuert.
Bewerten Sie folgende Aussagen.

		Richtig	Falsch
(14.1)	Es stimuliert die Aufnahme von Glutamin in die Zellen.		
(14.2)	Es ist aus zwei Peptidketten aufgebaut, die durch Disulfidbrücken verknüpft sind.		
(14.3)	Zur Ausbildung einer Depotform werden $Zn^{2\oplus}$-Ionen benötigt.		
(14.4)	Wird bei Zuckerkranken von der Bauchspeicheldrüse vermehrt gebildet.		
(14.5)	Humaninsulin wird aus Blutkonserven isoliert und oral verabreicht.		
(14.6)	Statt Humaninsulin kann auch Rinder- oder Schweineinsulin verwendet werden.		
(14.7)	Durch die Erfolge der modernen Medizin ist die Zuckerkrankheit weltweit rückläufig.		

Multiple Choice

(15) Welche Aussagen über natürlich vorkommende Aminosäuren treffen **nicht** zu?

1. Sie tragen die Aminogruppe meist am β-C-Atom, bezogen auf die Carboxylgruppe.
2. Sie lassen sich mit Ninhydrin charakteristisch anfärben.
3. Sie enthalten alle eine Säureamidbindung.
4. Sie gehören, wenn sie ein Asymmetriezentrum besitzen, in der Regel der D-Reihe an.
5. Sie enthalten außer C, H, O und N in einigen Fällen auch Schwefel.

Antworten:

- **A** Nur 1 und 4
- **B** Nur 2 und 5
- **C** Nur 1, 3 und 4
- **D** Nur 3, 4 und 5
- **E** Nur 1, 2 und 5

Die einfachen Kohlenhydratmoleküle (Einfachzucker), die __________ (1.14), haben die allgemeine Summenformel __________ (1.15) und variieren zwischen drei bis neun C-Atomen. Nach der __________ (1.16) der C-Atome richtet sich der Name der Einfachzucker, z. B. heißen C_5-Körper __________ (1.17), C_6-Körper __________ (1.18). Die typischen funktionellen Gruppen der Einfachzucker sind mehrere Hydroxygruppen und eine __________- (1.19) oder __________-gruppe (1.20), entsprechend heißen die Einfachzucker __________ (1.21) bzw. __________ (1.22). Die einfachste __________ (1.23) ist D-Glycerinaldehyd, die einfachste Ketose __________ (1.24). Die wichtigste Hexoaldose ist __________ (1.25).

Der __________ (1.26) Geschmack von Kohlenhydraten, die deshalb auch __________ (1.27) heißen, wird nicht allein von den Einfachzuckern hervorgerufen. Hierfür ist vornehmlich das Di- __________ (1.28) __________ (1.29) (= Rohrzucker, Rübenzucker, Sucrose) verantwortlich, das als Bausteine __________ (1.30) und __________ (1.31) enthält.

Trainieren und Zuordnen

(2) Nachstehend sind drei Monosaccharide in der Fischer-Projektion abgebildet.

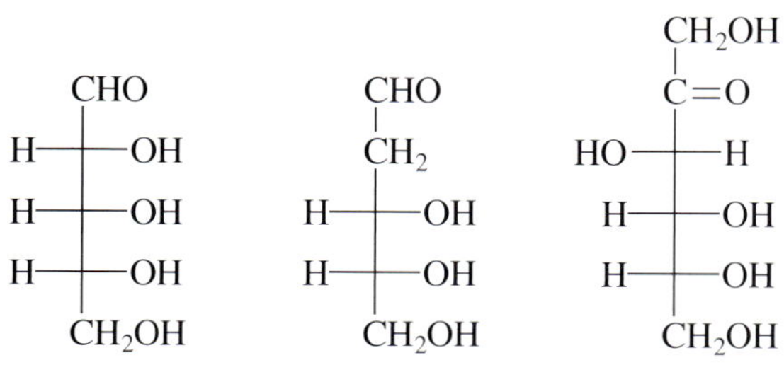

A **B** **C**

Kreuzen Sie an, welche Angaben für die einzelnen Monosaccharide zutreffen.

		A	B	C
(2.1)	Hexose			
(2.2)	Pentose			
(2.3)	Aldose			
(2.4)	Ketose			
(2.5)	zwei Chiralitätszentren			
(2.6)	drei Chiralitätszentren			
(2.7)	D-Reihe			
(2.8)	L-Reihe			
(2.9)	nur eine primäre Hydroxygruppe			
(2.10)	zwei primäre Hydroxygruppen			
(2.11)	nur zwei sekundäre Hydroxygruppen			
(2.12)	drei sekundäre Hydroxygruppen			
(2.13)	Konstitution erkennbar			

Fortsetzung

		A	B	C
(2.14)	Konfiguration erkennbar			
(2.15)	D-Fructose			
(2.16)	2-Desoxy-D-ribose			
(2.17)	D-Ribose			
(2.18)	Baustein der DNA			
(2.19)	Baustein der RNA			
(2.20)	Baustein der Saccharose			

Trainieren und Zuordnen

(3) D-Glucose steht im Zentrum des Zuckerstoffwechsels. Prüfen Sie die folgenden Angaben.

		Richtig	Falsch
(3.1)	Aldohexose		
(3.2)	chiral		
(3.3)	wasserlöslich		
(3.4)	wird als Fruchtzucker bezeichnet		
(3.5)	schmeckt so süß wie Rohrzucker		
(3.6)	wirkt reduzierend		
(3.7)	ist mit D-Fructose isomer		
(3.8)	Enantiomer zu D-Fructose		
(3.9)	Diastereomer zu D-Fructose		
(3.10)	bildet in Wasser ein cyclisches Halbacetal		
(3.11)	ist an C-3 D-konfiguriert		
(3.12)	geht als Glucose-6-phosphat in die Glykolyse ein		
(3.13)	Baustein der Stärke		
(3.14)	Baustein des Glykogens		
(3.15)	Baustein des Milchzuckers		
(3.16)	Baustein der DNA		
(3.17)	wird Diabetikern statt Rohrzucker verabreicht		

Trainieren und Zuordnen

(4) Kreuzen Sie an, was für die nachfolgenden Aldohexosen zutrifft.

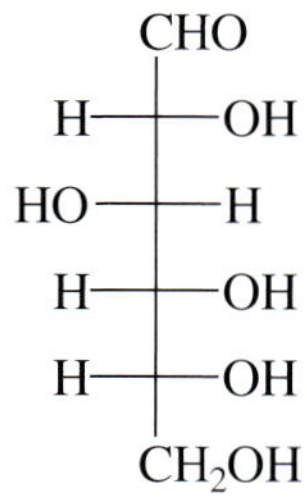

A

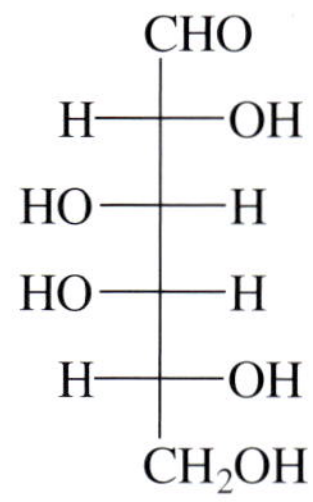

B

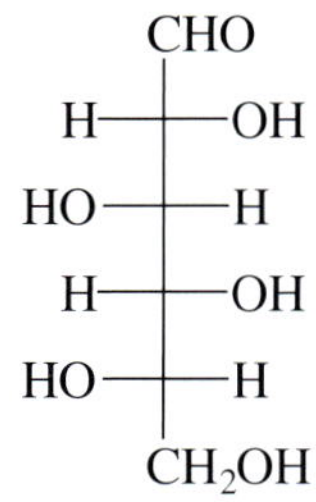

C

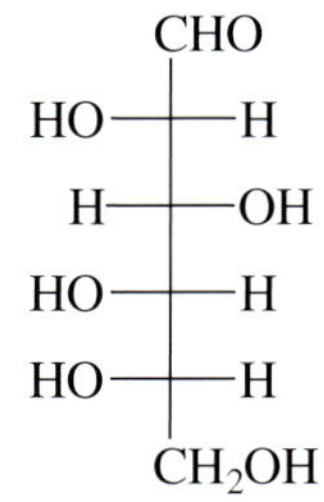

D

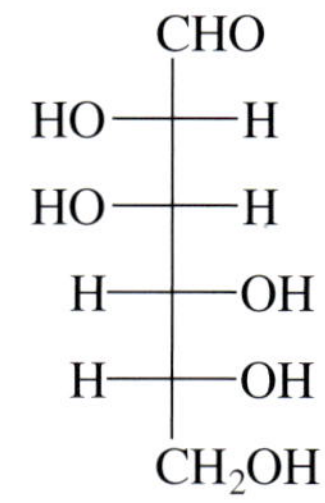

E

		A	B	C	D	E
(4.1)	D-Reihe					
(4.2)	L-Reihe					
(4.3)	das Enantiomere von **A**					
(4.4)	das Epimer zu **B**					
(4.5)	Bausteine des Milchzuckers					
(4.6)	D-Glucose					
(4.7)	L-Glucose					
(4.8)	D-Mannose					
(4.9)	Konfigurationsisomere zu **D**					

Trainieren und Zuordnen

(5) Zeichnen Sie α- und β-D-Glucose in der cyclischen Halbacetalform in der Haworth-Schreibweise (5.1, 5.2) und in der Cyclohexansessel-Schreibweise (5.3, 5.4).

5.1: α-D-Glycopyranose	5.2: β-D-Glycopyranose
5.3:	5.4:

Trainieren

(6) Geben Sie eine möglichst kurze Definition für folgende Begriffe.

(6.1) Was sind Anomere?

(6.2) Was sind Epimere?

(6.3) Was sind Pyranosen?

(6.4) Was sind Furanosen?

Lernspinne

(7) Durch Oxidation bzw. Reduktion wird D-Glucose an einzelnen funktionellen Gruppen verändert. (7.1) Zeichnen Sie die Reaktionsprodukte (offenkettige Formel) in die Kästen und geben Sie für die Verbindungen (7.2) und (7.3) die Namen an.

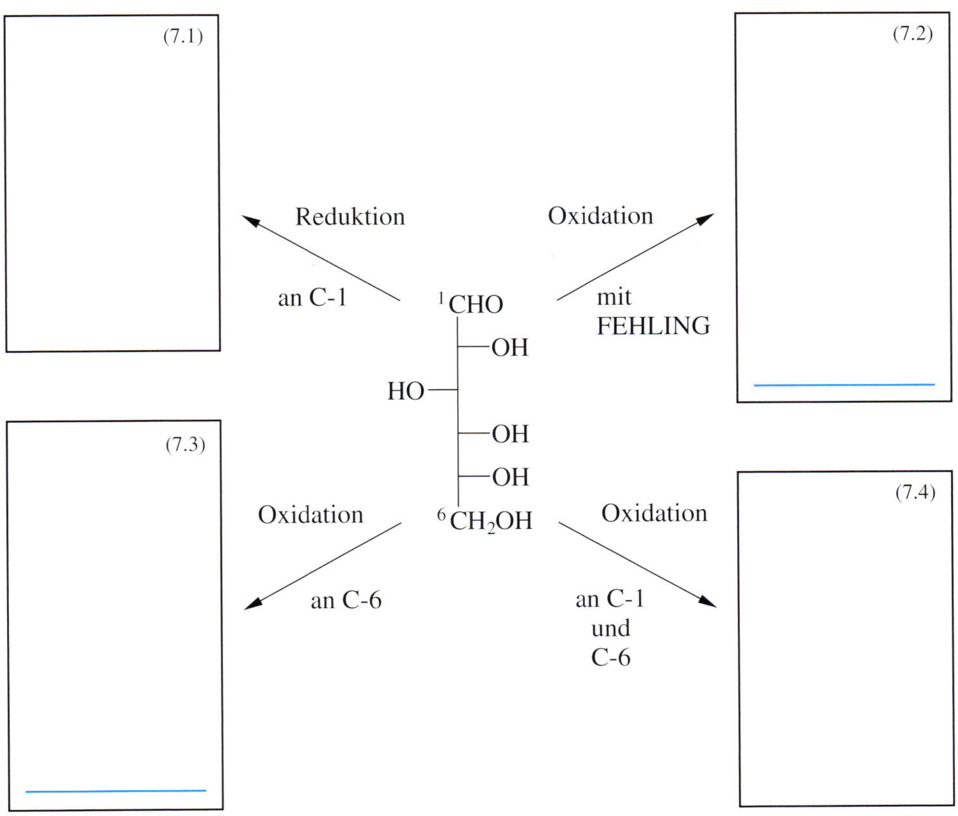

Trainieren und Zuordnen

(8) Aus D-Glucopyranose entstehen säurekatalysiert in Methanol zwei Glykoside. Ergänzen Sie die Formeln und benennen Sie die beiden Reaktionsprodukte.

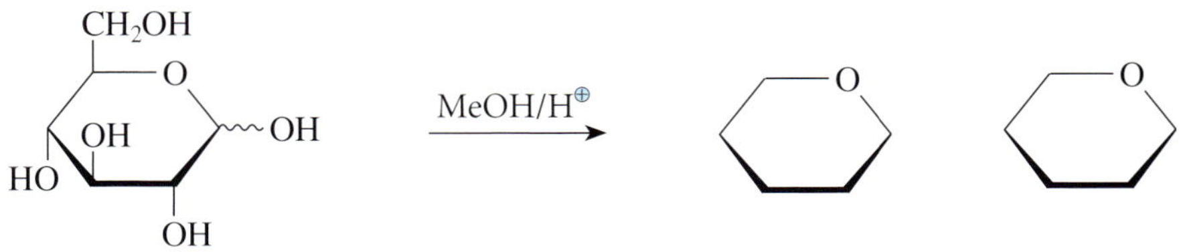

______________________ (8.1) ______________________ (8.2)

Multiple Choice

(9) Welche Aussage zur Reaktion in Aufgabe 8 und den dort gebildeten Glykosiden trifft **nicht** zu?

- **A** Die Reaktion erfolgte am anomeren C-Atom.
- **B** Die Glykoside haben reduzierende Eigenschaften.
- **C** Die Reaktion ist reversibel.
- **D** Bei der Reaktion in Pfeilrichtung entsteht Wasser.
- **E** Die gebildeten Glykoside sind Diastereomere.

Multiple Choice

(10) Welche Aussage zum *N*-Acetylglucosamin trifft **nicht** zu?

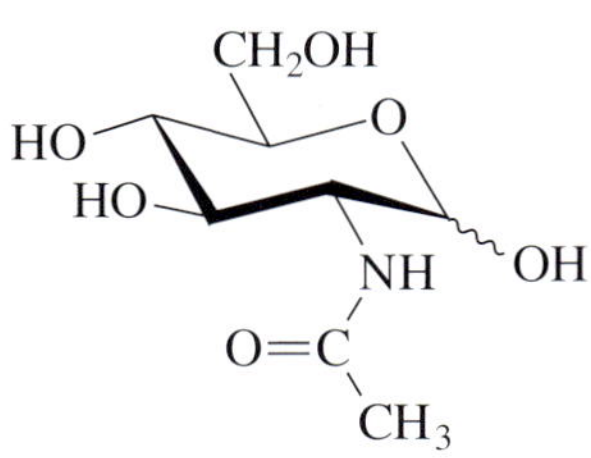

- **A** Es ist eine Base.
- **B** Es existieren α- und β-Anomere.
- **C** Reagiert mit FEHLING-Lösung
- **D** Ist Baustein des Biopolymers Chitin
- **E** Trägt die Acetylgruppe in einer Säureamid-Bindung.

Multiple Choice

(11) Prüfen Sie die Aussagen zum Vitamin C.

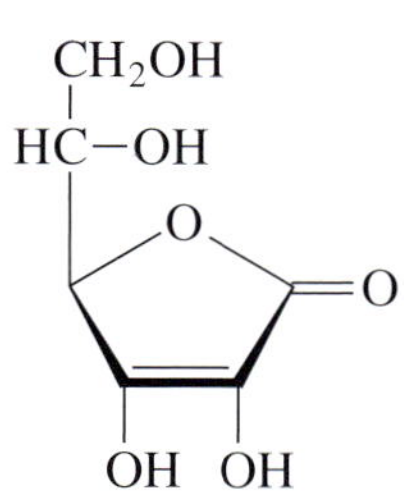

1 Es leitet sich von einer Hexose ab.
2 Es enthält ein Endiol-Strukturelement.
3 Es ist eine wasserlösliche, schwache Säure.
4 Es wirkt reduzierend.
5 Es enthält einen Lactonring.

Welche Aussagen treffen zu?
A Nur 1 und 2
B Nur 1, 3 und 4
C Nur 2, 3 und 5
D Nur 4 und 5
E Alle Aussagen treffen zu

Lückentext

(12) Aus zwei Einfachzuckern (= ________________, 12.1) entstehen unter Wasserabspaltung (= ______________, 12.2) ______________ (12.3). Bei der sog. 1,4-Verknüpfung reagiert die ____________ (12.4) Hydroxygruppe an C-1 einer Aldopyranose (Baustein A) mit der ____________ (12.5) Hydroxygruppe an C-4 der zweiten Aldopyranose (Baustein B). Während Baustein A im ____________ (12.6) durch die ______________ (12.7) Bindung als __________ (12.8) vorliegt, bleibt Baustein B ein Halbacetal, sodass das ____________ (12.9) ________________ (12.10) Eigenschaften aufweist. Die 1,4-Verknüpfung ist z.B. bei der _____________ (12.11) (= Malzzucker) oder Cellobiose verwirklicht. Beide enthalten nur ____________ (12.12) als Bausteine. Sie unterscheiden sich in der __________________ (12.13) der ______________ (12.14) Bindung. Diese ist beim Malzzucker ___-glykosidisch (12.15), bei der Cellobiose _______________ (12.16). Bei der Lactose sind D-Glucose und ______________ (12.17) β-________________ (12.18) verknüpft. Auch dieses ______________ (12.19) ______________ (12.20) FEHLING-Lösung.

Bei der ______________ (12.21, = Rohrzucker) ist ein Sonderfall verwirklicht. Dort sind D-Glucopyranose und D-Fructofuranose über die _______________ (12.22) Hydroxygruppen 1,2-verknüpft. Folglich ist das Disaccharid nicht _______________ (12.23). Die Konfiguration der glykosidischen Bindung ist von der Glucose aus gesehen ____ (12.24), von der Fructose aus ____ (12.25). Nur das Disaccharid besitzt die volle Süßkraft.

Medizin/Alltag

(13) Lactoseintoleranz führt zu heftigen Verdauungsstörungen.
Was ist die Ursache?
A Lactose erzeugt Allergien.
B Die aus der Lactose freigesetzte D-Galactose wird nicht verstoffwechselt.
C Die Epimerase zur Umwandlung von D-Galactose in D-Glucose fehlt.
D Das Enzym zur Spaltung der Lactose fehlt, Lactose wird im Dickdarm vergoren.
E Lactose hemmt die Glykolyse.

Trainieren und Zuordnen

(14) Kreuzen Sie an, welche der Angaben auf Stärke bzw. Cellulose zutreffen.

		Stärke	Cellulose
(14.1)	Polysaccharid		
(14.2)	Biopolymer		
(14.3)	gehören zu den Homoglykanen		
(14.4)	1,4-Verknüpfung der Bausteine		
(14.5)	1,6-Verknüpfung der Bausteine		
(14.6)	D-Glucose als Baustein		
(14.7)	α-glykosidische Bindung		
(14.8)	β-glykosidische Bindung		
(14.9)	Reservekohlenhydrat der Pflanze		
(14.10)	Strukturmaterial der Pflanze		
(14.11)	enthält Amylose und Amylopektin		
(14.12)	enthält in Wasser Helix-Anteile		
(14.13)	färbt mit Iod blau an		
(14.14)	Bestandteil der Baumwolle		
(14.15)	Abbau durch Amylasen		
(14.16)	kein Abbau beim Menschen		
(14.17)	mit Glykogen strukturverwandt		
(14.18)	setzt bei der sauren Hydrolyse Maltose frei		
(14.19)	wichtig für die Papierherstellung		
(14.20)	Bestandteil der Kartoffel		

Multiple Choice

(15) Was sind Oligosaccharide?

1 Kohlenhydrate mit 3 – 10 Zuckerbausteinen
2 Kohlenhydrate mit einer Sorte Bausteine
3 Kohlenhydrate mit Saccharose-Bausteinen
4 Ein Beispiel ist Rohrzucker
5 Ein Beispiel ist die antigene Determinate der Blutgruppen

Welche Aussage trifft zu?

A Nur 1
B Nur 1 und 5
C Nur 1, 3 und 4
D Nur 2 und 5
E Alle Aussagen treffen zu

Netzdenken

(16) Lösen Sie das Kreuzworträtsel. Beginnen Sie das gesuchte Wort in dem Kästchen mit der Zahl. (ä = ae)

1 essenzielle Bestandteile von Obst und Gemüse, damit der Mensch gesund bleibt
2 Zuckerbaustein der RNA
3 Baustein der Saccharose
4 Monosaccharid in einer Fünfring-Struktur
5 andere Bezeichnung für Saccharose
6 Disaccharid, Baustein der Cellulose
7 Antikoagulans für die Thromboseprophylaxe
8 C-2-Epimer der Glucose
9 wasserlöslicher Bestandteil der Stärke
10 C-4-Epimer der Glucose
11 α- und β-D-Glucopyranose sind es
12 Strukturmaterial der Pflanze
13 Monosaccharid in einer Sechsringstruktur
14 Reservekohlenhydrat der Leber

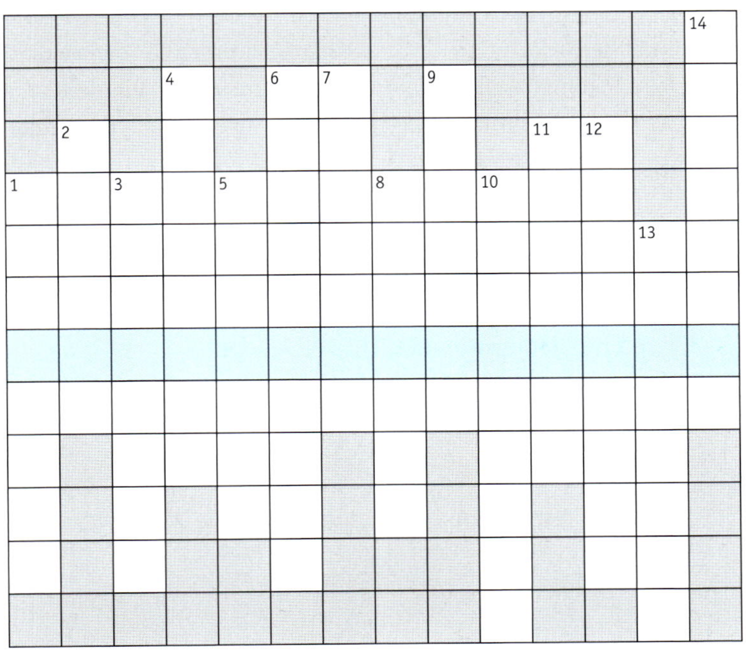

Lösungswort: ______________________________

F20

21 Heterocyclen

Ouvertüre

(1) Zur Strukturvielfalt der Kohlenstoffverbindungen gehört die Tendenz, neben Ketten auch Ringe zu bilden, wobei Fünf- oder ______-Ringe (1.1) bevorzugt sind. Carbocyclen enthalten ausschließlich ____________ (1.2) im Ring. Die Ringsysteme können ______________ (1.3) (Bsp.: Cyclohexan) oder aromatisch sein (Bsp.: ____________, 1.4). Enthält ein Ring außer C-Atomen noch Atome anderer ____________ (1.5), z.B. ____________ (1.6), ________________ (1.7) und/oder Schwefel, so spricht man von ______________ (1.8). Man unterscheidet aliphatische und ______________ (1.9) Heterocyclen. Aufgrund der Elektronegativität der ____________________ (1.10) und durch die Anwesenheit __________ (1.11) Elektronenpaare haben Heterocyclen andere Eigenschaften als die ______________ (1.12).

Heterocyclen sind in der Natur weit verbreitet. Bei den Kohlenhydraten kommen sie als ____________ (1.13) und Furanosen vor oder sie sind Teil der Seitenkette einiger Aminosäuren (z.B. ______________, 1.14). Sie werden für den genetischen ________ (1.15) der DNA benötigt und sind Strukturelement vieler Vitamine, Coenzyme oder Farbstoffe, z.B. im roten Blutfarbstoff ___________________ (1.16) oder im grünen Blattfarbstoff _______________ (1.17).

Trainieren und Zuordnen

(2) Schreiben Sie unter die abgebildeten Heterocyclen den richtigen Namen aus nachfolgender Aufstellung zu: Furan, Imidazol, Indol, Purin, Pyran, Pyridin, Pyrimidin, Pyrrol, Pyrrolidin, Tetrahydrofuran, Thiazol, Thiophen.

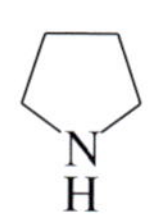

2.1: ____________

2.2: ____________

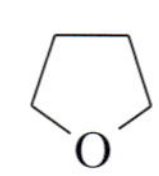

2.3: ____________

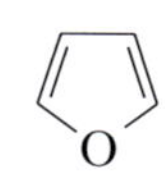

2.4: ____________

2.5: ____________

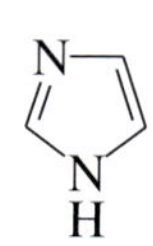

2.6: ____________

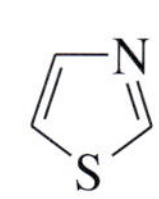

2.7: ____________

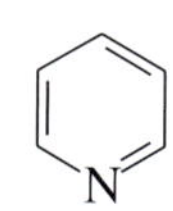

2.8: ____________

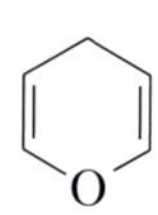

2.9: ____________

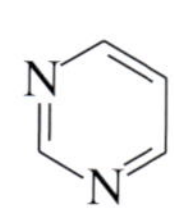

2.10: ____________

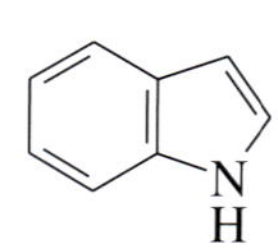

2.11: ____________

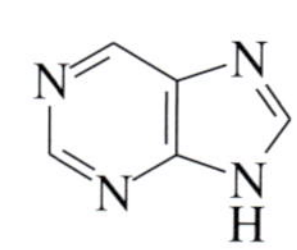

2.12: ____________

Trainieren und Zuordnen

(3) Welche der in Aufgabe (2) abgebildeten Heterocyclen

3.1: sind aromatisch?

____

3.2: sind Ether?

____

3.3: sind Thioether?

____

3.4: enthalten das Strukturelement eines sekundären Amins?

____

Lückentext

(4) Im **Benzol** sind ______ (4.1) π-Elektronen über alle C-Atome im Ring __________ (4.2). Dies führt zu einem __________-armen (4.3) Molekül mit __________ (4.4) Eigenschaften. Im **Pyrrol** wird die Aromatizität dadurch erreicht, dass das freie __________ (4.5) am __________ (4.6) und die vier π-Elektronen der beiden Doppelbindungen gemeinsam delokalisiert werden, so verteilen sich insgesamt ______ (4.7) π-Elektronen auf nur ______ (4.8) Ringatome. Der aromatische Pyrrolring wird dadurch __________ (4.9) als der Benzolring. Der Stickstoff im Pyrrol ist deshalb weniger ________ (4.10) als man es für ein sekundäres Amin erwarten würde und kann das Wasserstoffatom vergleichsweise leicht als ________ (4.11) abspalten (p*Ks* ~ 6). Beim **Pyridin** wird das freie Elektronenpaar am Stickstoff nicht für Ausbildung der Aromatizität benötigt, es verbleibt dort, entsprechend ist Pyridin eine ______ (4.12).

Multiple Choice

(5) Der Imidazolring des Histidins, das zur Peptidkette eines Enzyms gehört, ist an vielen Säure-/Base-katalysierten Reaktionen beteiligt („katalytische Triade“: Glu, His, Ser). Das folgende Formelschema zeigt den Ablauf, der der Aktivierung von Serin als Nucleophil dient.

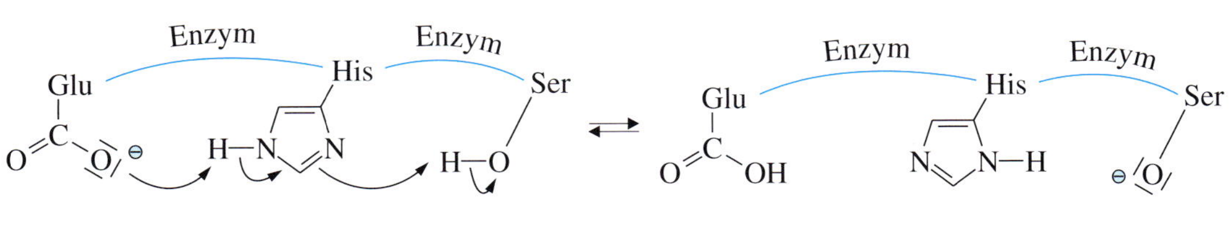

A **B** **C** **D**

Welche Aussage trifft **nicht** zu?

- **A** Mit Hilfe des Imidazols wird ein Proton von **B** nach **A** übertragen.
- **B** Die Alkoholgruppe von **B** ist Protonendonator.
- **C** Das Alkoholat **D** ist ein stärkeres Nucleophil als das Carboxylat **A**.
- **D** Die Reaktion ist irreversibel.
- **E** Der Imidazolring reagiert als Säure und Base zugleich.

F21

Multiple Choice

(6) Welche Aussage zur Aminosäure Histidin (gezeichnet als Kation) trifft **nicht** zu?

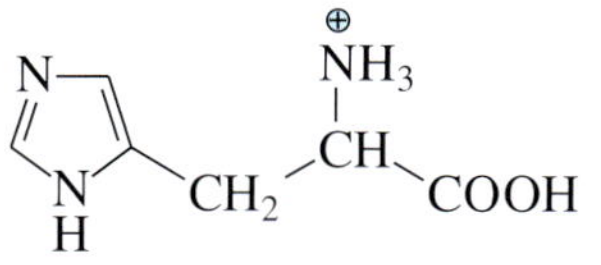

- **A** Histidin ist eine proteinogene, essenzielle Aminosäure.
- **B** Bei Zugabe von Base wird aus dem Kation zuerst das Wasserstoffatom der Carboxylgruppe abgespalten.
- **C** Histidin liegt in der Natur als Racemat vor.
- **D** Der Imidazolring der Seitenkette kann im aktiven Zentrum von Enzymen als Säure und als Base zugleich reagieren.
- **E** Bei der Decarboxylierung entsteht Histamin.

Multiple Choice

(7) Welches Strukturelement ist im abgebildeten $NAD^{\oplus}$ **nicht** enthalten?

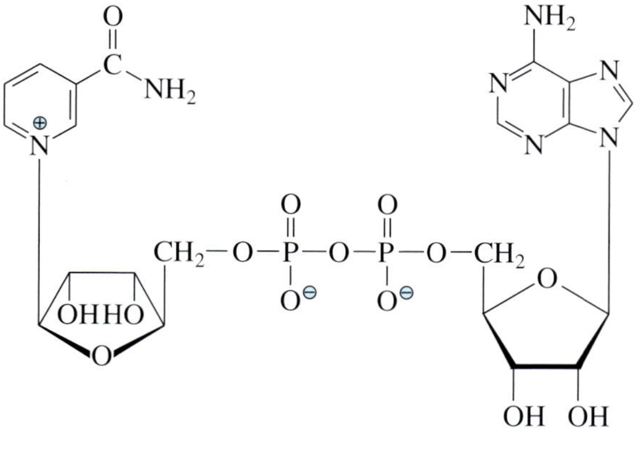

- **A** Phosphorsäureanhydrid
- **B** Adenin in *N*-glykosidischer Bindung
- **C** Nikotinamid in *N*-glykosidischer Bindung
- **D** Ribose in *O*-glykosidischer Bindung
- **E** Phosphorsäureester

Multiple Choice

(8) Prüfen Sie die Aussagen zum abgebildeten LSD.

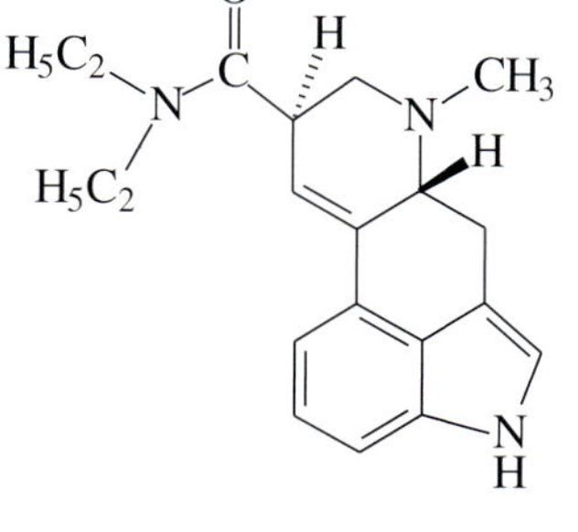

Welche Aussage trifft **nicht** zu?

A LSD ist ein Alkaloid.
B LSD enthält ein Indol-System.
C LSD ist ein Säureamid.
D LSD reagiert basisch.
E LSD enthält einen Pyridinring.

Multiple Choice

(9) Welche Aussage trifft **nicht** zu?
Vitamin B_1 (Thiamin) enthält folgende Strukturelemente.

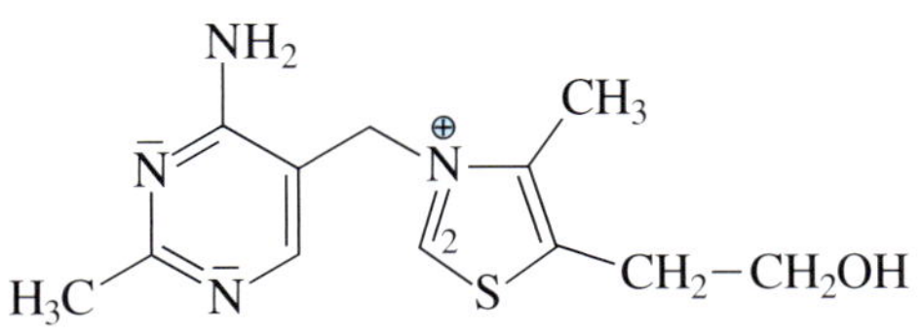

A Purinsystem
B Thiazolring
C primärer Alkohol
D primäres Amin
E quartäres Ammonium-System

Medizin und Alltag

(10) Cytochrom c enthält ein Tetrapyrrolsystem, das als Chelator Eisen-Ionen bindet.
Welche Aussage trifft **nicht** zu?

A Cytochrom c ist redoxaktiv ($Fe^{2\oplus}/Fe^{3\oplus}$).
B Cyctochrom c bindet Sauerstoff.
C Cytochrom c ist am Elektronentransport in der Atmungskette beteiligt.
D Cytochrom c wird durch Cyanid ($CN^{\ominus}$) in seiner Funktion gehemmt.
E Eisen-Ionen haben die Koordinationszahl sechs, d.h., neben dem Tetrapyrrolsystem werden im Cytochrom c zwei weitere Liganden benötigt.

Medizin und Alltag

(11) Welche Aussage trifft **nicht** zu?
Der Blutfarbstoff Hämoglobin

A bindet Sauerstoff.
B bindet Kohlenmonoxid besser als Sauerstoff.
C enthält ein Tetrapyrrolsystem, das als Chelator Eisen(II)-Ionen bindet.
D enthält einen großen Proteinanteil.
E ist redoxaktiv ($Fe^{2\oplus}/Fe^{3\oplus}$).

22 Spektroskopie in Chemie und Medizin

Ouvertüre

(1) In der Spektroskopie misst man charakteristische ____________ (1.1) einer chemischen Verbindung mit elektromagnetischer ____________ (1.2) verschiedener Wellenlänge/Frequenz. Man kann dabei je nach Methode ____________ (1.3, Aufnahme von Strahlung), ____________ (1.4, Abgabe von Strahlung) oder Streuung der Strahlung beobachten. Die verschiedenen ____________-arten (1.5) unterscheiden sich u.a. dadurch, dass jeweils ____________ (1.6) nur aus einem bestimmten ____________-bereich (1.7, Frequenzbereich) des ____________ (1.8) Spektrums verwendet wird. Strahlung mit sehr kurzer Wellenlänge (z.B. $\lambda = 10^{-5}$ nm) ist sehr ____________ (1.9) und kann die bestrahlten Stoffe ____________ (1.10), während ____________ (1.11) Radiostrahlung (z.B. $\lambda = 10^{7}$ nm = 10 cm) unbedenklich ist. Bei der UV-Spektroskopie schickt man die Strahlung (Licht aus dem sichtbaren und ultravioletten Teil des Spektrums) durch eine ____________ (1.12) der zu messenden Verbindung. Für die Röntgenstrukturanalyse einer Substanz muss diese ____________ (1.13) sein.

Trainieren und Zuordnen

(2) Prüfen Sie folgende Aussagen.

		Richtig	Falsch
(2.1)	UV-Spektren entstehen durch Messung bei 200–700 nm.		
(2.2)	Im UV-Spektrum wird die Zunahme der Lichtintensität gemessen.		
(2.3)	UV-Absorptionsmaxima sind für eine bestimmte Verbindung charakteristisch.		
(2.4)	Jede organische Verbindung zeigt im Bereich 200–700 nm Absorptionsmaxima.		
(2.5)	Chromophore sind UV-aktive Teilstrukturen eines Moleküls.		
(2.6)	Photometrie ist eine Methode der UV-Spektroskopie zur quantitativen Bestimmung der Konzentration eines Farbstoffs in einer Lösung.		
(2.7)	Oxidierte und reduzierte Form des Coenzyms der Dehydrogenasen ($NAD^{\oplus}$ bzw. NADH) geben dasselbe UV-Spektrum.		
(2.8)	IR-Spektren entstehen durch Messung mit ultraviolettem Licht.		
(2.9)	Bei der IR-Spektroskopie werden durch die IR-Strahlung Schwingungen innerhalb eines Moleküls angeregt.		
(2.10)	Jede organische Verbindung gibt ein typisches IR-Spektrum, das auch zur Identifizierung der Verbindung herangezogen werden kann.		
(2.11)	IR-Spektren geben Hinweise auf funktionelle Gruppen der Verbindung.		

Trainieren und Zuordnen

(3) Kreuzen Sie an, welche Angabe oder welcher Begriff für die angegebene Spektroskopie-Methode zutrifft.

		UV	IR	NMR
(3.1)	Chromophor			
(3.2)	Kernspin			
(3.3)	Schwingungsanregung			
(3.4)	Resonanz			
(3.5)	Anregung von Elektronen			
(3.6)	Absorptionsmaxima			
(3.7)	Messung erfolgt in der Regel in Lösung.			
(3.8)	Bei der Messung befindet sich die Substanz in einem homogenen Magnetfeld.			
(3.9)	Photometrie			
(3.10)	Relaxation			
(3.11)	Extinktionskoeffizient			
(3.12)	Fingerprint-Bereich			
(3.13)	Spektrum liefert Strukturhinweise.			
(3.14)	chemische Verschiebung von ^{1}H- oder ^{13}C-Signalen			
(3.15)	die Teuerste der drei Messmethoden			
(3.16)	wird für bildgebende Diagnostik genutzt			
(3.17)	zur Bestimmung der Enzymaktivität geeignet			
(3.18)	liefert Hinweise auf funktionelle Gruppen			
(3.19)	Die gemessene Substanz kann zurückgewonnen werden.			

Lückentext

(4) NMR ist die Abkürzung für __________ __________ __________ (4.1). Mit Hilfe der NMR-Spektroskopie erhält man Informationen über die unmittelbare __________ (4.2) von ______-kernen (4.3). Voraussetzung für die Messung einzelner Atomkerne ist das Vorliegen eines __________ (4.4). Deshalb sind die in organischen Verbindungen häufig vorkommenden Isotope _____ (4.5), _____ (4.6) und ^{16}O nicht messbar, messbar sind hingegen die Kerne der Isotope _____ (4.7), ^{13}C und ^{15}N. Da der Anteil der letzten beiden Isotope normalerweise __________ (4.8) ist, muss ein sehr hoher Mess- __________ (4.9) getrieben werden. Für die Messung bringt man die organische Verbindung in ein __________ (4.10) Magnetfeld und legt pulsierende _______-wellen (4.11) über die Probe. Dadurch werden die __________ _____ (4.12) Momente einzelner Atomkerne in ihrer Ausrichtung verändert, es kommt zur __________ (4.13) und jedes ^{1}H-Atom bzw. ^{13}C-Atom gibt sein eigenes Signal, dessen Lage

F22

im Spektrum durch die ____________ (4.14) Verschiebung gekennzeichnet ist, wobei zugesetztes TMS (= ______________________, 4.15) das Referenzsignal liefert. Die ____________ (4.16) eines ^{1}H-Signals korreliert mit der Zahl der H-Atome, die es repräsentiert. Wechselwirkungen zwischen benachbarten Atomen führen zur ______________ (4.17) der Signale, die für die Strukturbestimmung wertvolle ________________ (4.18) liefert.

Multiple Choice

(5) Welche Aussage trifft **nicht** zu?
Kernspintomographie

- **A** ist eine bildgebende, diagnostische Methode.
- **B** misst hauptsächlich Protonen im Gewebe.
- **C** spricht überwiegend auf Wasser und Fette an, die starke Signale liefern (helles Bild).
- **D** Methode zur Erfassung von Tumoren oder von Gefäßveränderungen.
- **E** belastet den Patienten durch die verwendete Strahlung.

Multiple Choice

(6) Welche der genannten Methoden betreffen die Ionenbildung bei der Massenspektrometrie?

- **1** Elektronenstoß
- **2** CI
- **3** MALDI
- **4** Fourier-Transformation
- **5** Elektrospray

Welche Aussagen treffen zu?

- **A** Nur 1 und 2
- **B** Nur 1, 2, 3 und 5
- **C** Nur 3 und 4
- **D** Nur 4 und 5
- **E** Alle Angaben treffen zu

Multiple Choice

(7) Welche Aussage zur Massenspektrometrie trifft **nicht** zu?

- **A** Ein Massenspektrum zeigt die Masse von Ionen an.
- **B** Aus dem Massenspektrum ergibt sich die Molekülmasse einer Substanz.
- **C** Die Aufspaltung der Ionensignale nach ihrer Masse beruht auf der Ablenkung der Ionen in einem Magnetfeld.
- **D** Die Ionen der gemessenen Substanz können fragmentieren.
- **E** Nach der Messung kann man die Substanz zurückgewinnen.

Anhang

A Reaktionsgleichungen und Rechnen

Hinweis: In diesem Kapitel wird versucht, das Aufstellen von Reaktionsgleichungen und das chemische Rechnen anhand einfacher Aufgaben Schritt für Schritt abzuleiten und zu erklären. Dieses Kapitel empfehlen wir als Vorübung, wenn Ihnen die Rechenaufgaben in einzelnen Kapiteln zu schwierig erscheinen oder wenn Ihnen bei den Lösungen nicht alles detailliert genug erklärt wird.

(1) Allgemeine Hinweise zum Aufstellen von Reaktionsgleichungen

Grundsatz: Die Ladungs- und Stoffbilanz muss stimmen.
(„Was vorne in die Reaktion hineingeht, muss hinten auch wieder herauskommen. Es geht nichts verloren.")

Beispielaufgabe: Die Salzsäure (**a**) des Magensaftes reagiert mit dem Ulkustherapeutikum (Antazidum) Magnesium(II)-hydroxid (**b**).

Formulieren Sie die Reaktionsgleichung.

Schritt 1: Schreiben Sie die chemischen Formeln der beteiligten Ausgangsstoffe, evtl. auch die von bereits genannten Produkten auf. In unserem Beispiel sind nur die Ausgangsstoffe angegeben.
a: HCl **b**: $Mg(OH)_2$

Schritt 2: Analysieren Sie, wie sich die Ausgangsstoffe in Wasser verhalten und erkennen Sie deren Reaktionsverhalten.
a: HCl ist eine starke Säure und dissoziiert in Wasser vollständig unter Abgabe eines Protons:
$HCl \rightarrow H^{\oplus} + Cl^{\ominus}$. Dass Protonen in Wasser $H_3O^{\oplus}$-Ionen bilden, ist Ihnen bekannt, bleibt hier jedoch unberücksichtigt.
b: Magnesium(II)-hydroxid ist eine Base und dissoziiert in Wasser.
$Mg(OH)_2 \rightarrow Mg^{2\oplus} + 2\ OH^{\ominus}$
Reaktionstyp: Es befinden sich $H^{\oplus}$- und $OH^{\ominus}$-Ionen im Reaktionsmedium, also findet eine Säure-Base-Reaktion statt, genauer eine Neutralisation gemäß der Gleichung:
$H^{\oplus} + OH^{\ominus} \rightarrow H_2O$

Schritt 3: Formulieren Sie nun, welche Ausgangsstoffe vorliegen (also **a** + **b**) und welche Produkte daraus hervorgehen.
$H^{\oplus} + Cl^{\ominus} + Mg^{2\oplus} + 2\ OH^{\ominus} \rightarrow H_2O + Mg^{2\oplus} + Cl^{\ominus}$

Schritt 4: Jetzt gleichen Sie die Zahl der beteiligten Ionen/Moleküle ab, um dem o.g. Grundsatz gerecht zu werden, denn aus dem $Mg(OH)_2$ werden zwei $OH^{\ominus}$-Ionen freigesetzt. Also benötigen Sie zwei $H^{\oplus}$-Ionen, insgesamt also zwei HCl. Entsprechend bilden sich zwei Moleküle Wasser und es bleiben zwei $Cl^{\ominus}$-Ionen übrig.
$2\ H^{\oplus} + 2\ Cl^{\ominus} + Mg^{2\oplus} + 2\ OH^{\ominus} \rightarrow 2\ H_2O + Mg^{2\oplus} + 2\ Cl^{\ominus}$
Prüfen Sie jetzt nochmals nach, ob die Zahl der beteiligten Atome (ohne Rücksicht auf die Ladung) links und rechts übereinstimmt. Also links 4 H, 2 Cl, 1 Mg, 2 O und rechts 4 H, 2 O, 1 Mg, 2 Cl, so stimmt es. Auch die Ladungen sind links und rechts ausgeglichen.

Schritt 5: Ziehen Sie jetzt die Ionen auf der Produktseite zur Formel des Salzes zusammen, dann ergibt sich eine vergleichsweise einfache Reaktionsgleichung für diese Säure-Base-Reaktion.
$2\ HCl + Mg(OH)_2 \rightarrow 2\ H_2O + MgCl_2$

(2) Aufstellen von Reaktionsgleichungen (mit Extrablatt)

Formulieren Sie für folgende Reaktionen die Reaktionsgleichung und geben Sie jeweils den Reaktionstyp an. Bedenken Sie, dass die Elemente Chlor, Wasserstoff und Sauerstoff nicht atomar, sondern molekular vorliegen.

(2.1) Unter Feuererscheinung reagieren metallisches Natrium und Chlorgas zu Kochsalz.

(2.2) Bei der Knallgasreaktion reagieren Wasserstoff und Sauerstoff zu Wasser.

(2.3) Aus Schwefelsäure sollen Sie Kaliumsulfat (K_2SO_4) herstellen. Was benötigen Sie dazu und wie lautet die Reaktionsgleichung?

(2.4) Metallisches Zink und Salzsäure reagieren unter Gasentwicklung.

(3) Ionenladungen

(3.1) Geben Sie von folgenden Elementen die Ionen an, die typischerweise vorkommen.

K: ______, Mg: ______, Cl: ______, Ca: ______, F: ______, Na: ______, O: ______, Fe: ________,
Br: ______, I: ______, S: ______, Al: ______

(3.2) Schreiben Sie die Anionen mit ihrer Ladung auf, wenn von folgenden Säuren alle Wasserstoffatome als Protonen abgespalten werden.

H_2SO_4: __________, HCl: ______, HNO_3: __________, H_3PO_4: __________, H_2S: ______,
H_2CO_3: ________

(4) Lösen stöchiometrischer Aufgaben (chemisches Rechnen)

Merke: Das chemische Rechnen (Stöchiometrie) ist viel einfacher als sich auf den ersten Blick vermuten lässt. Vorab zu lernen ist der Umgang mit der abgekürzten Schreibweise der Moleküle/Salze/Ionen und das Aufstellen von Reaktionsgleichungen unter Nutzung dieser Schreibweise.

(4.1) **Molare Masse:** Die molare Masse (M_m) hat die Einheit g/mol.

Beispielaufgaben: Wie groß ist die molare Masse von Wasser (**a**), Phosphorsäure (**b**), Kochsalz (**c**) und Glucose (**d**).

Um die Aufgaben zu lösen, müssen Sie von jeder der genannten Verbindungen die Summenformel kennen und von jedem der enthaltenen Elemente die molare Masse.
Letztere entnehmen Sie selbständig dem Periodensystem, dort ist sie allerdings nur als relative Atommasse (M_r) angegeben, d. h., die Massenzahl dort ist dimensionslos und erhält die Dimension erst durch die Aufgabenstellung.

a: Wasser (= H_2O); $M(H_2O) = 2\,M(H) + M(O) = 2$ g/mol + 16 g/mol = 18 g/mol
Die molare Masse von Wasser beträgt M_m = 18 g/mol.

b: Phosphorsäure (= H_3PO_4); $M(H_3PO_4) = 3\,M(H) + M(P) + 4\,M(O) = 3$ g/mol + 31 g/mol + 64 g/mol = 98 g/mol
Die molare Masse von Phosphorsäure beträgt M_m = 98 g/mol.

c: Kochsalz (= NaCl); bei Salzen gibt es keine definierten Moleküle, weil die Ionen in einem dreidimensionalen Ionengitter angeordnet sein. Man definiert in diesem Fall die molare Masse durch die Formelmasse von NaCl.
$M(NaCl) = M(Na) + M(Cl) = 23$ g/mol + 35,5 g/mol = 58,5 g/mol
Die molare Masse von Kochsalz beträgt M_m = 58,5 g/mol.

d: Glucose (= $C_6H_{12}O_6$); $M(C_6H_{12}O_6) = 6\,M(C) + 12\,M(H) + 6\,M(O) = 72$ g/mol + 12 g/mol + 96 g/mol = 180 g/mol
Die molare Masse von Glucose beträgt M_m = 180 g/mol.

(4.2) **Masse**: Die Masse (m) einer Verbindung wird in Gramm (g) oder kleineren Einheiten (mg, µg, ng) angegeben.

Beispielaufgaben: (**a**) Wie viel g wiegen 0,75 mol NaCl?
(**b**) Wie viel mg wiegen 10^{-3} mol HCl?
(**c**) Eine „potenzierte" Lösung enthält 10^{-10} mol $MgCl_2$, welcher Masse entspricht dies?

a: Gegeben ist die Stoffmenge $n = 0{,}75$ mol NaCl. Gesucht ist die zugehörige Masse, die sich nach $m = n \cdot M_m$ berechnet. Betrachtet man die Einheiten: m = mol • g/mol = g (mol kürzt sich heraus).
Die molare Masse von NaCl beträgt $M_m = 58{,}5$ g/mol (s. Aufgabe 4.1c).
Die Masse beträgt demnach $m = 0{,}75$ mol • 58,5 g/mol = 43,9 g.
0,75 mol NaCl wiegen 43,9 g.

b: Gegeben ist die Stoffmenge $n = 10^{-3}$ mol = 0,001 mol = 1 mmol HCl. Die molare Masse von HCl beträgt $M_m = M(\mathrm{H}) + M(\mathrm{Cl})$ = 1 g/mol + 35,5 g/mol = 36,5 g/mol.
Die gesuchte Masse ist $m = 0{,}001$ mol • 36,5 g/mol = 0,0365 g = 36,5 mg HCl.
10^{-3} mol HCl wiegen 36,5 mg.

c: Gegeben ist die Stoffmenge $n = 10^{-10}$ mol $MgCl_2$. Die molare Masse von $MgCl_2$ beträgt $M_m = M(\mathrm{Mg}) + 2\,M(\mathrm{Cl})$ = 24,3 g/mol + 2 • 35,5 g/mol = 95,3 g/mol.
Die gesuchte Masse beträgt $m = 10^{-10}$ mol • 95,3 g/mol = 95,3 • 10^{-10} g = 9,53 ng (10^{-9} g = 1 ng). 10^{-10} mol $MgCl_2$ wiegen 9,53 ng.

(4.3) **Stoffmenge**: Die Stoffmenge (n) einer Verbindung wird in mol oder kleineren Einheiten (mmol, µmol, nmol) angegeben.

Beispielaufgaben: (**a**) Eine physiologische Kochsalzlösung enthält 0,95 g NaCl in 100 mL Wasser. Wie viel mol NaCl sind in einem Liter dieser Lösung enthalten?
(**b**) Wie viel mol sind 1 L (1000 g) Wasser?
(**c**) Wie viel mol sind 30 mg Essigsäure?

a: Gegeben ist die Masse $m = 0{,}95$ g NaCl in 100 mL, was $m = 9{,}5$ g in 1 L entspricht. Die zugehörige Stoffmenge berechnet sich nach $n = m/M_m$.
Die molare Masse von NaCl beträgt $M_m = 58{,}5$ g/mol (s. Aufgabe 4.1c).
Die gesuchte Stoffmenge beträgt n = 9,5 g/58,5 g/mol = 0,16 mol.
Ein Liter einer physiologischen Kochsalzlösung enthält 0,16 mol NaCl.

b: Gegeben ist die Masse $m = 1000$ g H_2O. Die molare Masse von H_2O beträgt $M_m = 18$ g/mol (s. Aufgabe 4.1a). Die gesuchte Stoffmenge beträgt n = 1000 g/18 g/mol = 55,56 mol.
Ein Liter Wasser entspricht 55,56 mol H_2O.

c: Gegeben ist die Masse $m = 30$ mg Essigsäure (CH_3-COOH). Die molare Masse von Essigsäure beträgt $M_m = 2\,M(\mathrm{C}) + 4\,M(\mathrm{H}) + 2\,M(\mathrm{O})$ = 24 g/mol + 4 g/mol + 32 g/mol = 60 g/mol = 60 • 10^3 mg/mol. Die gesuchte Stoffmenge beträgt n = 30 mg/60 • 10^3 mg/mol = 0,5 • 10^{-3} mol = 0,5 mmol (10^{-3} mol = 1 mmol). 30 mg Essigsäure entsprechen 0,5 mmol = 0,5 • 10^{-3} mol.

(4.4) **Teilchenzahl**: Die Teilchenzahl ist durch die Avogadro-Konstante (N_A) bestimmt, die aussagt, dass in 1 mol insgesamt 6,02 • 10^{23} Teilchen (Moleküle, Ionen) enthalten sind (N_A = 6,02 • 10^{23} mol^{-1}), eine unvorstellbar große Zahl.

Beispielaufgaben: (**a**) Wie viel Teilchen sind in einem Liter einer physiologischen Kochsalzlösung enthalten?
(**b**) 45 mg Glucose sind in einer Lösung enthalten. Wie viele Moleküle Glucose sind das?

a: Ein Liter physiologische Kochsalzlösung enthält 9,5 g = 0,16 mol NaCl (s. Aufgabe 4.3a). Die Teilchenzahl beträgt $N = n \cdot N_A = 0{,}16 \text{ mol} \cdot 6{,}02 \cdot 10^{23} \text{ mol}^{-1} = 0{,}96 \cdot 10^{23}$. Da jedoch beim Lösen von NaCl in Wasser $Na^{\oplus}$- und $Cl^{\ominus}$-Ionen entstehen, also zwei Teilchen, lautet die Teilchenzahl $N = 2 \cdot 0{,}96 \cdot 10^{23} = 1{,}92 \cdot 10^{23}$.
In einem Liter einer physiologischen Kochsalzlösung sind $1{,}92 \cdot 10^{23}$ Ionen enthalten.

b: Gegeben ist die Masse m = 45 mg Glucose. Zunächst muss berechnet werden, welcher Stoffmenge dies entspricht. Dazu benötigen wir die molare Masse M_m = 180 g/mol für Glucose (s. Aufgabe 4.1d). Die Stoffmenge beträgt $n = 45 \text{ mg}/180 \cdot 10^3 \text{ mg/mol} = 0{,}25 \cdot 10^{-3}$ mol = 0,25 mmol. (Sie müssen hier beachten, dass in Zähler und Nenner dieselbe Massendimension [hier mg] steht, d.h. $180 \text{ g} = 180 \cdot 10^3 \text{ mg}$.) Die Teilchenzahl beträgt $N = 0{,}25 \cdot 10^{-3} \text{ mol} \cdot 6{,}02 \cdot 10^{23} \text{ mol}^{-1} = 1{,}51 \cdot 10^{20}$. Hier gilt die Regel: Potenzen werden multipliziert, indem man die Hochzahlen addiert (bei negativen Hochzahlen subtrahiert).
45 mg Glucose entsprechen $1{,}51 \cdot 10^{20}$ Molekülen.

(4.5) **Konzentration***:* Die Stoffmengenkonzentration (c) einer Lösung wird in mol/L angegeben. Man spricht auch von der Molarität einer Lösung.

Beispielaufgaben: (**a**) Wie viel molar ist eine Lösung, die 10 g NaOH in 500 mL Wasser enthält?
(**b**) Wie viel molar ist ein Liter einer Lösung mit 30 mg Essigsäure?

a: Gegeben ist die Masse m = 10 g NaOH in 500 mL (= 0,5 L) Wasser. Gesucht ist die Stoffmengenkonzentration, die sich nach $c = n/V$ berechnet (V = Volumen in L). Die molare Masse von NaOH beträgt $M_m = M(\text{Na}) + M(\text{O}) + M(\text{H}) = 23 \text{ g/mol} + 16 \text{ g/mol} + 1 \text{ g/mol} = 40 \text{ g/mol}$. Die Stoffmenge NaOH beträgt $n = m/M_m = 10 \text{ g}/40 \text{ g/mol} = 0{,}25 \text{ mol}$. Nun ergibt sich $c = 0{,}25 \text{ mol}/0{,}5 \text{ L} = 0{,}5 \text{ mol/L}$.
Die NaOH-Lösung ist 0,5 molar, es liegt eine 0,5 M NaOH vor.

b: Gegeben sind 30 mg Essigsäure im Liter. Gesucht ist die Stoffmengenkonzentration. Die molare Masse von Essigsäure beträgt M_m = 60 g/mol (s. Aufgabe 4.3 c). Die Stoffmenge Essigsäure beträgt $n = 30 \text{ mg}/60 \cdot 10^3 \text{ mg/mol} = 0{,}5 \cdot 10^{-3} \text{ mol} = 0{,}5 \text{ mmol}$. Es folgt $c = 0{,}5 \text{ mmol}/1 \text{ L} = 0{,}5 \text{ mmol/L}$.
Die Essigsäurelösung ist 0,5 millimolar, es liegt eine $0{,}5 \cdot 10^{-3}$ M Essigsäure vor.

(5) Rechnen mit Logarithmen

Beim Berechnen von pH-Werten und Redoxpotenzialen ist der Umgang mit Logarithmen erforderlich. Durch die Anwendung von Logarithmen vereinfachen sich Rechenoperationen, außerdem sind die verwendeten Zahlen kleiner, der Rechenvorgang wird dadurch übersichtlicher. Üblicherweise wird der Logarithmus zur Basis 10 (^{10}log, abgekürzt: lg) verwendet.
Der Rechenvorgang beginnt bei einer vorgegebenen Zahl (z.B. 100). Jetzt wechselt man in den „Logarithmen-Modus", d.h., man (bzw. der Taschenrechner) verwandelt die vorgegebene Zahl in eine Potenz mit der Basis 10, aus 100 (= 10 • 10) wird 10^2. Der Logarithmus von 100 ist dann die Zahl, mit der man die Basis 10 potenzieren muss ($\lg 100 = \log 10^2 = 2$), um 100 zu erhalten. Mit dieser Zahl rechnet man im „Logarithmen-Modus" nun weiter. Am Ende muss man diesen Modus wieder verlassen (man „entlogarithmiert") und kommt zu einer Zehnerpotenz, die sich als Zahlenwert fassen lässt (2 bedeutet 10^2). Die nachfolgenden Beispiele sollen die Regeln beim Rechnen mit Logarithmen näher erläutern.

(5.1) Aus dem Logarithmus vom Produkt zweier Zahlen wird die Summe ihrer Logarithmen.
Allgemein: $x \cdot y$; logarithmiert: $\lg (x \cdot y) = \lg x + \lg y$

Beispiel: $10 \cdot 1000$; logarithmiert: $\lg (10 \cdot 1000) = \lg 10^1 + \lg 10^3 = 1 + 3 = 4$;
Die errechnete Hochzahl 4 bedeutet $10^4 = 10000$.
Diese Aufgabe hätten Sie auch im Kopf gelöst. Für Aufgaben mit einfachen Zehnerpotenzen benötigt man normalerweise keinen Taschenrechner.

Beispiel (nur mit Rechner zu lösen):

$2 \cdot 375 \cdot 2000$; logarithmiert: $\lg 2 + \lg 375 + \lg 2000 = 0{,}301 + 2{,}574 + 3{,}301 = 6{,}176$. (Sie können mit allen Stellen nach dem Komma weiterrechnen oder begrenzen es, wie hier geschehen, auf drei Stellen hinter dem Komma.)
Die errechnete Hochzahl 6,176 bedeutet $10^{6,176} = 1500000 = 1{,}5 \cdot 10^6$.

(5.2) Aus dem Logarithmus vom Quotienten zweier Zahlen wird die Differenz ihrer Logarithmen.
Allgemein: $\frac{x}{y}$; logarithmiert: $\lg \frac{x}{y} = \lg x - \lg y$

Beispiel: $\frac{100000}{100}$; logarithmiert: $\lg \left(\frac{100000}{100}\right) = \lg 10^5 - \lg 10^2 = 5 - 2 = 3$;
Die errechnete Hochzahl 3 bedeutet $10^3 = 1000$.

Beispiel (nur mit Rechner zu lösen):

$\frac{375}{2000}$; logarithmiert $\lg \frac{375}{2000} = \lg 375 - \lg 2000 = 2{,}574 - 3{,}301 = -0{,}727$
$-0{,}727$ „entlogarithmiert": $10^{-0,727} = 0{,}1875$

(5.3) Der Logarithmus einer Potenz führt dazu, dass man die Hochzahl mit dem Logarithmus der Basis multipliziert. Die Hochzahlen können positiv oder negativ sein, beides führt zu sinnvollen Zahlen.
Allgemein: x^2; logarithmiert: $\lg (x^2) = 2 \cdot \lg x$.
x^{-2}; logarithmiert: $\lg (x^{-2}) = -2 \cdot \lg x$

Beispiel: 10^5; logarithmiert: $5 \cdot \lg 10 = 5 \cdot 1 = 5$
10^{-5}; logarithmiert: $-5 \cdot \lg 10 = -5 \cdot 1 = -5$

Erläuterung: 10^{-5} bedeutet $\frac{1}{10^5}$, also $\frac{1}{100000} = 0{,}00001$
Wenn der dekadische Logarithmus ($^{10}\log$, lg) eine negative Zahl ist, haben wir es mit Zahlen kleiner 1 zu tun. Der Logarithmus von 1 ist gleich Null.

Beispiele: $10^3 = 1000$; $\lg 10^3 = 3$
$10^0 = 1$; $\lg 10^0 = 0$
$10^{-3} = 0{,}001$; $\lg 10^{-3} = -3$

Beispiel (nur mit Rechner zu lösen):

$2^3 \cdot 5^4 = \lg 2^3 + \lg 5^4 = 3 \cdot \lg 2 + 4 \cdot \lg 5$
$= 3 \cdot 0{,}301 + 4 \cdot 0{,}699$
$= 0{,}903 + 2{,}796 = 3{,}699$
Die errechnete Hochzahl 3,699 bedeutet: $10^{3,699} = 5000 = 5 \cdot 10^3$

(5.4) Negativer Logarithmus: Statt den normalen Logarithmus zu bilden, kann man auch vereinbaren, den negativen Logarithmus zu bilden, man multipliziert dazu mit –1. Dies wird z. B. beim pH-Wert gemacht. Diese Vereinbarung muss beim Rechnen mit solchen Logarithmen natürlich bekannt sein.

Beispiel: Der negative Logarithmus von 10^2: $-\lg (10^2) = -2 \cdot \lg 10 = -2 \cdot 1 = -2$
Der negative Logarithmus von 10^{-2}: $-\lg (10^{-2}) = -(-2) \cdot \lg 10 = 2 \cdot 1 = 2$

Erläuterung: 10^{-2} bedeutet $\frac{1}{100}$ oder 0,01 also eine kleine Zahl. Durch normales Logarithmieren arbeitet man nur mit der Hochzahl. Es entfallen Bruchstrich oder Komma. Man erhält eine kleine negative Zahl. Negativ logarithmiert, entsteht dagegen eine kleine positive Zahl, die sich besser handhaben lässt (s. pH-Wert).

Beispiel: Der negative Logarithmus von $\frac{x}{y}$: $-\lg \left(\frac{x}{y}\right) = -(\lg x - \lg y) = -\lg x + \lg y = \lg y - \lg x \left(= \lg \frac{y}{x}\right)$.

(6) pH-Wert

Der pH-Wert einer Lösung ist der negative dekadische Logarithmus der Hydroniumionen-Konzentration. $pH = -\lg [H_3O^{\oplus}]$ oder $pH = -\lg c(H_3O^{\oplus})$. Konzentrationsangaben haben die Einheit mol/L, der pH-Wert hingegen ist eine dimensionslose Zahl, die bei verdünnten Säurelösungen positiv, bei sehr konzentrierten aber auch negativ sein kann. Selbst pH = 0 ist eine sinnvolle Angabe, wie folgende Beispiele zeigen:

$[H_3O^{\oplus}]$ $= 10^{-5}$ mol/L; pH = –lg $10^{-5} = 5$
$= 0{,}01$ mol/L $= 10^{-2}$ mol/L; pH = –lg $10^{-2} = 2$
$= 0{,}1$ mol/L $= 10^{-1}$ mol/L; pH = –lg $10^{-1} = 1$
$= 1$ mol/L $= 10^{0}$ mol/L; pH = –lg $10^{0} = 0$
$= 10$ mol/L $= 10^{1}$ mol/L; pH = –lg $10^{1} = -1$

Beispielaufgabe: Welchen pH-Wert hat eine 0,01 M Salzsäure?

Salzsäure ist eine starke Säure, sie ist in Wasser vollständig dissoziiert:
$HCl + H_2O \rightleftarrows H_3O^{\oplus} + Cl^{\ominus}$.
Die Säurekonzentration beträgt *c*(HCl) = [HCl]= 0,01 mol/L. Wegen der vollständigen Dissoziation gilt $[H_3O^{\oplus}] = 0{,}01$ mol/L $= 10^{-2}$ mol/L; pH = –lg $10^{-2} = 2$.
Für eine 0,01 M Salzsäure gilt pH = 2.

Beispielaufgabe: Wie viel molar ist eine Salzsäure mit pH = 4?
Da HCl vollständig dissoziiert ist, spiegelt der pH-Wert nicht nur die Hydroniumionen-Konzentration ($c(H_3O^{\oplus}) = [H_3O^{\oplus}]$) wider, sondern zugleich auch die HCl-Konzentration ($c(HCl) = c(H_3O^{\oplus})$).
pH = 4 bedeutet also $[H_3O^{\oplus}] = 10^{-4}$ mol/L.
Die Salzsäure ist 10^{-4} molar, es handelt sich um eine 0,0001 M Salzsäure.

Beispielaufgabe: Wie viel g NaOH benötigen Sie, um 1 L einer Natronlauge mit pH = 12 herzustellen?
NaOH dissoziiert in Wasser vollständig: $NaOH \rightleftarrows Na^{\oplus} + OH^{\ominus}$; d.h., die anfängliche NaOH-Konzentration ist gleich der $OH^{\ominus}$-Konzentration.
Gegeben ist pH = 12. Gesucht ist die Masse an NaOH gemäß $m = n \cdot M_m$.
Die molare Masse M_m beträgt 40 g/mol (s. Aufgabe 4.5a). Die Stoffmengenkonzentration *c*(NaOH) ergibt sich aus dem pH-Wert. Da eine Base vorliegt, benötigen wir den pOH-Wert. In wässriger Lösung gilt pH + pOH = 14, d.h. pOH = 14 – pH = 14 – 12 = 2. Der pOH-Wert entspricht dem negativen dekadischen Logarithmus der $OH^{\ominus}$-Ionenkonzentration (pOH = –lg $[OH^{\ominus}]$).
Für unsere Aufgabe gilt –lg $[OH^{\ominus}] = 2$. Es gilt für $[OH^{\ominus}] = 10^{-2}$ mol/L.
Für die Herstellung von 1 L Natronlauge benötigt man $m = 10^{-2}$ mol • 40 g/mol = 0,4 g NaOH.

B Themenübergreifende Fragen

Hinweis: In diesem Kapitel finden Sie Aufgaben, in denen die Themen der Kapitel 1–22 gemischt und verknüpft werden. Dies entspricht der realen Situation im schriftlichen und mündlichen Examen des ersten Abschnitts der ärztlichen Prüfung. Generell bildet das Detailwissen der einzelnen Kapitel die Grundlage, auf der aufbauend das Wissen vernetzt werden kann, um komplexere Zusammenhänge zu beschreiben und zu verstehen.
Bei einigen Fragen gehen wir noch einen Schritt weiter und vernetzen Themen der Chemie mit solchen der Biochemie, um Ihnen zu zeigen, dass die Chemie für Mediziner der Vorbereitung auf die Biochemie und später der klinischen Chemie sowie der Pharmakologie dient.
Bei den Multiple-Choice-Fragen finden Sie nur zwei Typen, sie sollen die richtige (= zutreffende) oder die falsche (= nicht zutreffende) Antwort heraussuchen. Unter didaktischen Gesichtspunkten bevorzugen wir die Suche nach einer falschen Aussage neben vier richtigen Aussagen, damit Sie vom Text her mehr Richtiges als Falsches lesen müssen und sich die richtigen Aussagen wiederholend besser einprägen können. In dem anderen Fragenmodus müssen Sie überwiegend „chemischen Unsinn“ lesen und wir sehen die Gefahr, dass davon unter Umständen zu viel hängen bleibt.

Multiple Choice

(1) 1 mol H_2O korreliert mit welchen der folgenden Angaben? (relative Atommassen: H = 1, O = 16)

1 1 g H_2O
2 18 g H_2O
3 10^1 Moleküle H_2O
4 $6 \cdot 10^{23}$ Moleküle H_2O
5 1 L H_2O

Welche der Aussagen treffen zu?

A Nur 1, 3 und 5
B Nur 1 und 3
C Nur 2 und 4
D Nur 2, 4 und 5
E Nur 4 und 5

Multiple Choice

(2) Wenn man ein Salz in Wasser löst, laufen verschiedene Vorgänge ab. Welche der nachfolgenden Angaben bzw. Begriffe hat **keine** Beziehung zum Lösungsvorgang und seiner Energiebilanz?

A Gitterenergie
B Ionisierungsenergie
C Hydratation
D Größe und Ladung der Ionen des Salzes
E Löslichkeitsprodukt

Multiple Choice

(3) Welche Aussage zur Gleichgewichtskonstanten *K* einer chemischen Reaktion trifft zu?

A *K* ist von der Reaktionstemperatur abhängig.
B Bei gekoppelten Reaktionen errechnet sich das *K* der Gesamtreaktion aus der Summe der Gleichgewichtskonstanten der Einzelreaktionen.
C *K* ist die Differenz aus den Geschwindigkeiten der Hin- und der Rückreaktion.
D *K* ist direkt proportional zum ΔG der betrachteten Reaktion.
E Im Gleichgewicht erreicht *K* den Wert 0.

Multiple Choice

(4) Die chemische Reaktion von A zu B soll nach einer Kinetik erster Ordnung mit der Geschwindigkeitskonstanten *k* ablaufen. Welche Aussage trifft zu?

A *k* wird mit abnehmender Substratkonzentration kontinuierlich kleiner.
B *k* hängt nicht von der Temperatur ab.
C Die Reaktionsgeschwindigkeit –dA/dt bleibt während der gesamten Reaktionszeit konstant.
D Die Halbwertszeit dieser Reaktion errechnet sich als $t_{1/2} = \frac{\ln 2}{k}$.
E Eine Verdoppelung der Konzentration von A führt zu einer Vervierfachung der Reaktionsgeschwindigkeit –dA/dt.

Multiple Choice

(5) Ordnen Sie den chemischen Prozessen aus *Liste 1* einen Begriff aus *Liste 2* zu.

Liste 1	Liste 2
1) $NaCl \rightarrow Na^{\oplus} + Cl^{\ominus}$	A) Elektronenaffinität
2) $Na \rightarrow Na^{\oplus} + e^{\ominus}$	B) Redoxreaktion
3) $Cl_2 + 2\,e^{\ominus} \rightarrow 2\,Cl^{\ominus}$	C) Ionisierungsenergie
4) $2\,Na + Cl_2 \rightarrow 2\,NaCl$	D) Neutralisationswärme
5) $Na^{\oplus} + 6\,H_2O \rightarrow [Na(H_2O)_6]^{\oplus}$	E) Dissoziation

Welche Zuordnung trifft **nicht** zu?

A 1 – E
B 2 – C
C 3 – A
D 4 – B
E 5 – D

Multiple Choice

(6) Welche Aussage zu Natriumhydrogencarbonat ($NaHCO_3$) trifft **nicht** zu?

A In Wasser bilden sich die Ionen $Na^{\oplus}$ und $HCO_3^{\ominus}$.
B Der Kohlenstoff hat die Oxidationsstufe +4.
C Die wässrige Lösung reagiert sauer.
D Beim Übergießen mit HCl bildet sich u. a. CO_2.
E Zusammen mit CO_2 entsteht in wässriger Lösung ein Puffersystem.

Multiple Choice

(7) Der Alkoholgehalt von „Volksheilmitteln" kann beachtlich sein. Beispielsweise enthält ein Melissengeist mit 75 Vol.% in einer 100 mL-Flasche etwa 60 g Ethanol. Eine 67 kg schwere Frau trinkt die Flasche aus. Im Körper der Frau wird ein Verteilungsvolumen für das Ethanol von 40 L angenommen.
Wie viel Promille Alkohol hat die Frau etwa im Blut?

A 0,5‰
B 1,0‰
C 1,5‰
D 2,0‰
E 2,5‰

Multiple Choice

(8) Welche Aussage zur Gleichgewichtsreaktion von CO_2 mit H_2O trifft **nicht** zu?
$CO_2 + x\,H_2O \rightleftharpoons y\,HCO_3^{\ominus} + H_3O^{\oplus}$

A Die stöchiometrischen Faktoren sind x = 2 und y = 1.
B $HCO_3^{\ominus}$ ist in dieser Reaktion eine Brönsted-Base.
C Der gelöste Anteil CO_2 ist vom Partialdruck CO_2 abhängig.
D Die Lage des Gleichgewichts ist pH-abhängig.
E CO_2 als Gas hat keinen Einfluss auf die Lage des Gleichgewichts.

Multiple Choice

(9) Die Enzyme im Stoffwechsel sind Biokatalysatoren.
Welche Aussage trifft **nicht** zu?

- **A** Enzyme sind Proteine mit charakteristischen Aminosäuresequenzen.
- **B** Die Aktivität vieler Enzyme hängt vom pH-Wert ab.
- **C** Enzyme verschieben das Gleichgewicht von Stoffwechselreaktionen in Richtung der Produkte.
- **D** Enzyme beeinflussen die Aktivierungsenergie von Stoffwechselreaktionen.
- **E** Enzyme sind in der Regel substratspezifisch.

Multiple Choice

(10) Vergleichen Sie Glycerin und Glycin.
Welche der Aussagen trifft zu?

- **A** Beide enthalten drei C-Atome.
- **B** Beide haben einen isoelektrischen Punkt.
- **C** Beide enthalten Stickstoff.
- **D** Glycerin ist Baustein von Lipiden.
- **E** Glycin ist Baustein der DNA.

Multiple Choice

(11) Welche Aussage zu den Verbindungen Malonsäure, Maleinsäure und Malat trifft **nicht** zu?

- **A** Malat ist das Anion der Malonsäure.
- **B** Malat und Maleinsäure enthalten vier C-Atome.
- **C** Das *(E)*-Isomere der Maleinsäure heißt Fumarsäure.
- **D** Durch Hydrierung der Doppelbindung von Maleinsäure entsteht Bernsteinsäure.
- **E** Malat enthält ein Chiralitätszentrum.

Multiple Choice

(12) Welche Aussage zu den Begriffen amphoter, amphiphil, amphipatisch und amorph trifft **nicht** zu?

- **A** Phospholipide sind amphiphil.
- **B** $HCO_3^{\ominus}$ ist amphoter.
- **C** Ein geschliffener Diamant ist amorph.
- **D** Eine Aminosäure am isoelektrischen Punkt ist amphoter.
- **E** Amphiphil und amphipatisch werden synonym verwendet.

Multiple Choice

(13) Für bestimmte aromatische Reste werden die Bezeichnungen Phenyl-, Benzyl- bzw. Benzoyl- verwendet.

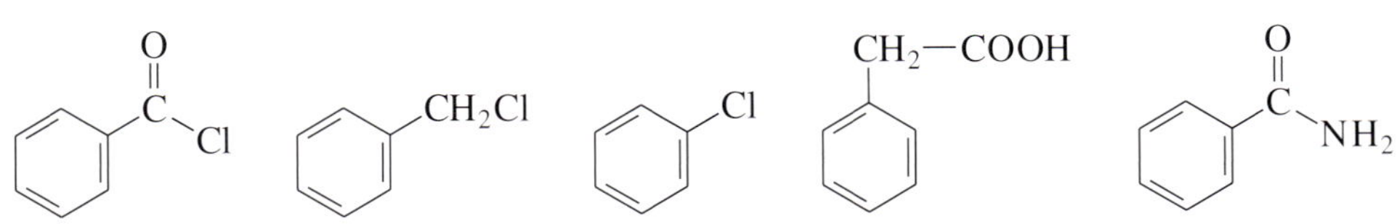

A **B** **C** **D** **E**

Welche der Verbindungen **A** bis **E** enthalten

(13.1) einen Phenylrest? ____________________

(13.2) einen Benzylrest? ____________________

(13.3) einen Benzoylrest? ____________________

Zuordnen

(28) Nachfolgend finden Sie die Strukturformeln von drei Antibiotika. Machen Sie bitte kenntlich (durch Einrahmen), wo sich in diesen Molekülen Säureamidgruppen befinden!

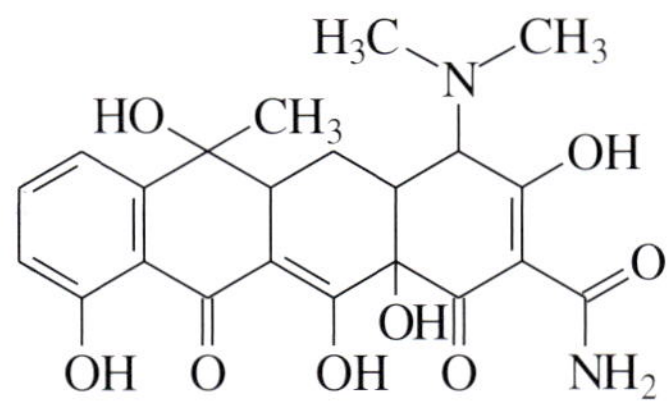

Tetracyclin

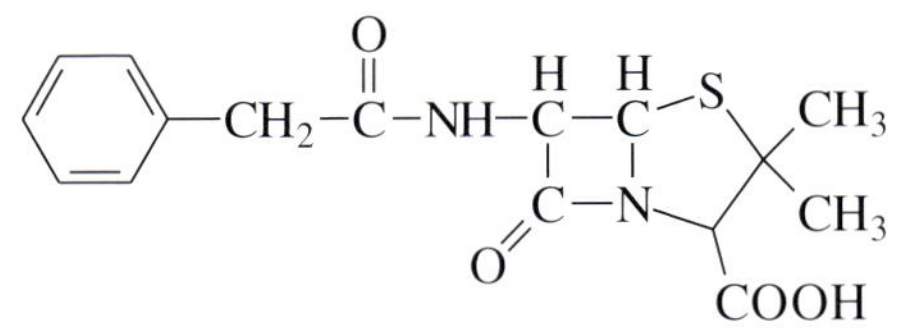

Penicillin G

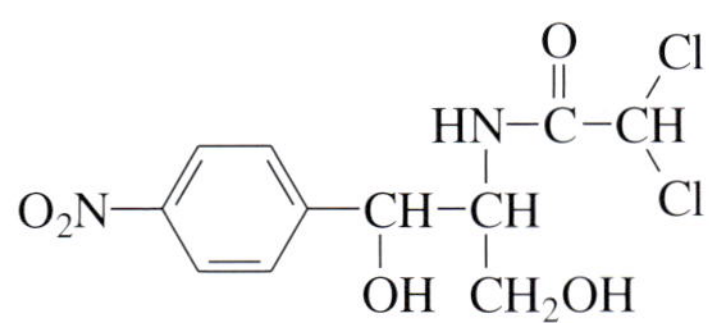

Chloramphenicol

Kreuzen Sie nachfolgend an, welches der Antibiotika die angegebene funktionelle Gruppe enthält.

		Tetracyclin	Penicillin G	Chloramphenicol
(28.1)	sekundärer Alkohol			
(28.2)	tertiärer Alkohol			
(28.3)	phenolische OH-Gruppen			
(28.4)	tertiäres Amin			
(28.5)	Enol			
(28.6)	Keton			
(28.7)	Carboxylgruppe			
(28.8)	Lactam			
(28.9)	Nitrogruppe			
(28.10)	hydrierter Thiazolring			
(28.11)	Phenylacetylrest			
(28.12)	Dichloracetylrest			
(28.13)	mehr als zwei Chiralitätszentren			

Lösungen

1 Atombau

(1) 1.1: Atomkern; 1.2: Elektronenhülle; 1.3: positiv; 1.4: Masse; 1.5: Atoms; 1.6: positiv; 1.7: Protonen; 1.8: Neutronen; 1.9: negativ; 1.10: Atomkern; 1.11: negativer; 1.12: neutral; 1.13: Elektronenhülle; 1.14: Protonen; 1.15: Atomkern.
(2) B
(3)

Symbol	Name	A	Z	Protonenzahl	Neutronenzahl	Elektronenzahl	$^{A}_{Z}M$
C	Kohlenstoff	12	6	6	6	6	$^{12}_{6}C$
N	Stickstoff	14	7	7	7	7	$^{14}_{7}N$
O	Sauerstoff	16	8	8	8	8	$^{16}_{8}O$
P	Phosphor	31	15	15	16	15	$^{31}_{15}P$
S	Schwefel	32	16	16	16	16	$^{32}_{16}S$

(4) D
(5) E
(6)
(6.1) 35,452 873
Rechenweg: Man berechnet die Gewichtsanteile der beiden Isotope und addiert diese.
Mittlere Atommasse: $0{,}7577 \cdot 34{,}969 + 0{,}2423 \cdot 36{,}966 = 26{,}496011 + 8{,}956862 = 35{,}452873$
6.2: 35,453; 6.3: In der Anzahl der Neutronen (18 bzw. 20) im Atomkern.
(7) 7.1: drei; 7.2: Deuterium; 7.3: Tritium; 7.4: Neutronen; 7.5: stabil; 7.6: radioaktiv; 7.7: Halbwertszeit; 7.8: β-Strahlung; 7.9: Tritium; 7.10: Stoffwechsel (oder Gewebe oder menschlichen Körper); 7.11: Enzyme; 7.12: Isotopen; 7.13: Substrate.
(8) **Richtig:** 8.2, 8.4, 8.5, 8.7, 8.8, 8.10; **falsch:** 8.1, 8.3, 8.6, 8.9, 8.11.
(9) 9.1: 12,000 g; 9.2: $6{,}02 \cdot 10^{23}$; 9.3: 3,6 µg; 9.4: $1{,}806 \cdot 10^{18}$; 9.5: Es handelt sich um Stickstoff (N), der in der Luft zweiatomig als N_2 vorliegt.
Rechenweg: 300 µmol = 8,4 mg; 1 µmol = $\frac{8{,}4}{300}$ mg = 0,028 mg;
1 mol = $0{,}028 \times 10^6$ mg = 28 000 mg = 28 g; die Molmasse beträgt also 28 g/mol;
da das Element zweiatomig vorliegt, beträgt die Atommasse $\frac{28}{2}$ g/mol = 14 g/mol;
im Periodensystem findet man nur die relativen Atommassen, es gibt nur ein Element mit der relativen Atommasse 14, nämlich Stickstoff.
(10) B

2 Periodensystem der Elemente

(1) 1.1: 111; 1.2: Ordnungs-; 1.3: 111; 1.4: Protonen; 1.5: Atomkern; 1.6: zweidimensionalen; 1.7: Periodensystem; 1.8: Elemente; 1.9: Perioden; 1.10: Gruppen; 1.11: 1869; 1.12: Meyer; 1.13: Eigenschaften; 1.14: ähnlichen; 1.15: Gruppen; 1.16: Elektronen-; 1.17: Elemente; 1.18: Ordnungsprinzip.

(2)

	1	2	3	4	5	6	7	8	9	10	11	12	13	14	15	16	17	18
1	**H**																	
2														C	N	**O**		
3	**Na**	Mg													P	S	**Cl**	
4	K	Ca						Fe			Cu	Zn						
5																		
6																		

2.1: Ziffern 1 – 6 in blau; 2.2: Die Hauptgruppen (Ziffer 1, 2, 13 – 18) sind blau unterlegt, die Nebengruppen (Ziffer 3 – 12) sind grau hinterlegt; 2.3: die Elemente sind am richtigen Platz eingetragen.

2.4: 1. Gruppe – Alkalimetalle, 2. Gruppe – Erdalkalimetalle, 16. Gruppe – Chalkogene, 17. Gruppe – Halogene, 18. Gruppe – Edelgase

2.5: H = Wasserstoff, Na = Natrium, K = Kalium, Mg = Magnesium, Ca = Calcium, C = Kohlenstoff, N = Stickstoff, P = Phosphor, O = Sauerstoff, S = Schwefel, Cl = Chlor, Fe = Eisen, Cu = Kupfer, Zn = Zink.

(3) **Richtig:** 3.2, 3.5, 3.6, 3.7, 3.9, 3.10, 3.12, 3.13, 3.15; **falsch:** 3.1, 3.3 (die Elemente mit der Ordnungszahl 43 und 61 gibt es in der Natur nicht mehr, da alle Nuclide radioaktiv und längst zerfallen sind), 3.4, 3.8, 3.11, 3.14.

(4) 4.1: Sauerstoff (O), Kohlenstoff (C), Wasserstoff (H), Stickstoff (N); 4.2: Calcium (Ca), Kalium (K), Natrium (Na), Magnesium (Mg); 4.3: Eisen (Fe), Zink (Zn), Kupfer (Cu), Mangan (Mn). Die Elemente sind in den Vierergruppen nach abnehmender Häufigkeit geordnet.

(5) A

(6) 1: Avogadro, 2: Orbital, 3: Molybdaen, 4: Energie, 5: Iod, 6: Natrium; 7: Eisen, 8: Periode, 9: Elektron, 10: Isotope, 11: Phosphor; **Lösungswort:** Radioisotop.

(7) C; nicht Zink sondern Magnesium (als $Mg^{2\oplus}$) spielt bei der ATP-Hydrolyse eine Rolle.

(8) D; nicht Argon sondern das Edelgas Xenon ist ein Narkosemittel.

3 Grundtypen der chemischen Bindung

(1) 1.1: Atome; 1.2: Elemente; 1.3: Zusammenhalt; 1.4: chemische; 1.5: metallische; 1.6: Ionen-; 1.7: Atom-; 1.8: Valenz-; 1.9: Edelgas-; 1.10: energetisch; 1.11: Edelgase; 1.12: Tendenz; 1.13: 1 s^2; 1.14: s^2p^6; 1.15: acht; 1.16: acht; 1.17: Oktettregel.

(2) 2.1: Kupfer (Cu), Silber (Ag), Gold (Au), Platin (Pt), Natrium (Na), es gibt jedoch noch viele andere Beispiele; 2.2: Glanz, hohe Dichte, Wärmeleitfähigkeit, elektrische Leitfähigkeit.

(3) B

(4) **Richtig:** 4.1, 4.2, 4.4, 4.7, 4.8, 4.10, 4.11, 4.13, 4.14, 4.15, 4.18, 4.19; **falsch:** 4.3, 4.5, 4.6, 4.9, 4.12, 4.16, 4.17, 4.20.

(5) 5.1: NaCl, $Na^{\oplus}$, $Cl^{\ominus}$; 5.2: KI, $K^{\oplus}$, $I^{\ominus}$; 5.3: $MgCl_2$, $Mg^{2\oplus}$, 2 $Cl^{\ominus}$; 5.4: $MgSO_4$, $Mg^{2\oplus}$, $SO_4^{2\ominus}$; 5.5: Na_2CO_3, 2 $Na^{\oplus}$, $CO_3^{2\ominus}$; 5.6: $AgNO_3$, $Ag^{\oplus}$, $NO_3^{\ominus}$; 5.7: $FeSO_4$, $Fe^{2\oplus}$, $SO_4^{2\ominus}$; 5.8: $FeCl_3$, $Fe^{3\oplus}$, 3 $Cl^{\ominus}$; 5.9: $CuBr_2$, $Cu^{2\oplus}$, 2 $Br^{\ominus}$; 5.10: $(NH_4)_2SO_4$, 2 $NH_4^{\oplus}$, $SO_4^{2\ominus}$.
(6) 6.1: 5,85 g
Rechenweg: Sie addieren die relativen Atommassen ($M_r = 58{,}5$). $m = n \cdot M = 0{,}1$ mol • 58,5 g/mol = 5,85 g;
6.2: $1{,}806 \cdot 10^{24}$
Rechenweg: 1 mol $MgCl_2$ liefert insgesamt 3 mol Ionen (1 mol $Mg^{2\oplus}$ und 2 mol $Cl^{\ominus}$). Die Avogadro-Konstante sagt, dass 1 mol eines Stoffes $6{,}02 \cdot 10^{23}$ Teilchen enthält, $3 \cdot 6{,}02 \cdot 10^{23} = 18{,}06 \cdot 10^{23} = 1{,}806 \cdot 10^{24}$.
(7) E
(8) H: 1, O: 2 (in $H_3O^{\oplus}$: 3), C: 4, N: 3 (in $NH_4^{\oplus}$: 4), S: 2, Cl: 1, F: 1.
(9) 9.1: Wasserstoff, H—H, 2; 9.2: Chlor, |C̄l—C̄l|, 71; 9.3: Stickstoff, |N≡N|, 28;
9.4: Ozon, 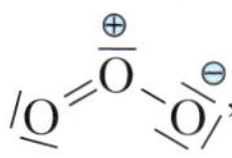, 48; 9.5: Chlorwasserstoff, H—C̄l|, 36,5; 9.6: Wasser, 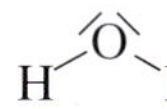, 18;
9.7: Ammoniak, 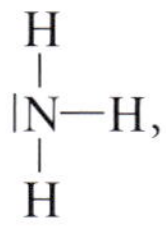, 17; 9.8: Methan, 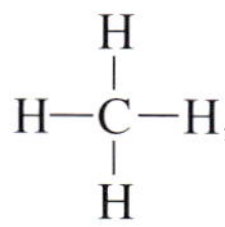, 16; 9.9: Ethen, 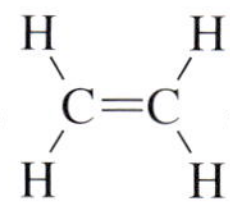, 28;
9.10: Lachgas (Distickstoffoxid), 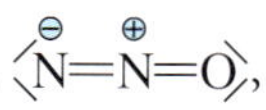, 44.
(10) A
(11) 11.1: A, I; 11.2: D, G, J, L, P; 11.3: B, C, E, F, H, K, M, N, O, Q.
(12) 1: Ionenbindung, 2: Kation, 3: heteropolar; 4: Fluorid, 5: Bindungslaenge, 6: Halbmetall, 7: Anion, 8: Molekuel, 9: Elektronengas, 10: gewinkelt, 11: Legierung, 12: Tetraeder, 13: kovalent; **Lösungswort**: Dipolmolekuel.
(13) B
(14) E

4 Erscheinungsformen der Materie

(1) 1.1: Aggregatzuständen; 1.2: gasförmig; 1.3: flüssig; 1.4: fest; 1.5: Phasenumwandlung; 1.6: Schmelzpunkt; 1.7: Siedepunkt; 1.8: Substanz; 1.9: chemische; 1.10: physikalischen; 1.11: einheitlich; 1.12: Phase; 1.13: homogen; 1.14: heterogen; 1.15: Gemenge; 1.16: Suspension; 1.17: Aerosol; 1.18: Emulsion; 1.19: Aerosol.
(2) 2.1: sublimieren; 2.2: kondensieren; 2.3: verdampfen; 2.4: schmelzen; 2.5: erstarren; 2.6: Eis; 2.7: Wasser; 2.8: Wasserdampf.
(3) **Homogen**: 3.2, 3.3, 3.9; **Suspension**: 3.6; **Emulsion**: 3.1, 3.4, 3.8; **Aerosol**: 3.5, 3.7.
(4) 4.1: gasförmig (g) › flüssig (l) › fest (s); 4.2: fest › flüssig › gasförmig.
(5) E
(6) B
(7) B
(8) 1: Pascal; 2: homogen; 3: Kristallgitter; 4: sublimieren; 5: schmelzen; 6: Waermeabgabe; 7: Autoklav; 8: Graphit; 9: Schmelzpunkt; 10: Nullpunkt; 11: Sauerstoff; 12: Wasserstoff; 13: Diamant; 14: Kelvin; 15: Normaldruck; **Lösungswort**: Aggregatzustand.
(9) E (er verbrennt zu CO_2)
(10) C
(11) **Homogen**: 11.1, 11.3, 11.7; **heterogen**: 11.2, 11.4, 11.5, 11.6.

5 Heterogene Gleichgewichte

(1) 1.1: zwei; 1.2: Phasen; 1.3: Verteilung; 1.4: Bedingungen; 1.5: Zeit; 1.6: ändert; 1.7: chemischen; 1.8: Stofftransport; 1.9: Trennverfahren; 1.10: analytischen.
(2) **Richtig**: 2.1, 2.3, 2.4, 2.5, 2.7, 2.8, 2.10, 2.12; **falsch**: 2.2, 2.6, 2.9, 2.11, 2.13.
(3) D
(4) 4.1: Konzentrations-; 4.2: Eigen-; 4.3: -geschwindigkeit; 4.4: Größe; 4.5: Temperatur; 4.6: Porengröße; 4.7: semipermeabel; 4.8: Ionen; 4.9: diffundieren; 4.10: Enzyme; 4.11: Dialyse; 4.12: semipermeablen; 4.13: Lösungsmittels; 4.14: Osmose; 4.15: konzentrierteren; 4.16: Gleichgewicht; 4.17: Druck-; 4.18: osmotischer.
(5) A
(6) Destilliertes Wasser enthält keine Salze und ist damit im Vergleich zu den Körperflüssigkeiten hypotonisch. Verabreicht man destilliertes Wasser, entstehen rasch osmotische Extremsituationen (z. B. Platzen von Erythrozyten, Störung der Membranpotenziale bei der Nervenreizleitung), die zum Tode führen können.
(7) 7.1: Membran; 7.2: Konzentrations-; 7.3: Diffusion; 7.4: Elektro- oder Ladungs-; 7.5: Ionen-; 7.6: Ionen; 7.7: Membran; 7.8: Donnan; 7.9: Donnan; 7.10: Anstieg; 7.11: osmotischen; 7.12: Membranpotenzials.
(8) 8.1: Löslichkeit im gegebenen Lösungsmittel; 8.2: Verteilungskoeffizient sowie Löslichkeit in den Phasen; 8.3: Siedepunkt und Dampfdruck; 8.4: Adsorptionseigenschaften, Verteilung zwischen fester und flüssiger Phase bzw. Gasphase, Polarität von Substanz und Lösungsmittel.
(9) **Ja**: 9.1, 9.2, 9.5, 9.6, 9.7, 9.9, 9.10; **nein**: 9.3, 9.4, 9.8, 9.11, 9.12.
(10) D
(11) C
(12) B
Rechenweg: 210 mg des Medikamentes sind 1 mmol, diese verteilen sich auf 42 L, d. h., im gesamten Körperwasser beträgt die Konzentration 1/42 mmol/L = 0,0238 mmol/L = 23,8 µmol/L.

6 Chemische Reaktionen

(1) 1.1: Reaktions-, 1.2: Edukte, 1.3: Produkte, 1.4: ganzer, 1.5: Molekülzahlen, 1.6: zwei, 1.7: vier, 1.8: zwei, 1.9: gleich, 1.10: Ionen, 1.11: gleich, 1.12: quantitative, 1.13: Stoffmengen, 1.14: Volumina, 1.15: stöchiometrische.
(2) 2.1: A = Wasserstoff, B = Stickstoff, C = Ammoniak;
2.2: $a = 4$, $b = 3$, $c = 2$, A = Eisen, B = Sauerstoff, C = Eisen(III)oxid;
2.3: $a = 1$, $b = 2$, $c = 1$, $d = 2$, A = Schwefelsäure, B = Natriumhydroxid, C = Natriumsulfat, D = Wasser;
2.4: $a = 1$, $b = 2$, $c = d = 1$, A = Zink, B = Salzsäure, C = Zinkchlorid, D = Wasserstoff;
2.5: $a = 1$, $b = 3$, $c = 2$, A = Phosphorpentoxid, B = Wasser, C = Phosphorsäure;
2.6: $a = b = 6$, $c = 1$, $d = 6$, A = Kohlendioxid, B = Wasser, C = Glucose, D = Sauerstoff;
2.7: $a = 1$, $b = c = 3$, $d = 1$, A = Phosphorsäure, B = Hydroxidion, C = Wasser, D = Phosphation;
2.8: $a = b = 2$, $c = 1$, $d = 2$, A = Eisen(III)ion, B = Iodid, C = Iod; D = Eisen(II)ion.
(3) 3.1: V, L, 300; 3.2: m, g, 2,8; 3.3: M_m, g/mol, 0,03; 3.4: n, $n = m/M$, mol, 0,3; 3.5: c, $c = n/V$, mol/L, 4,5; 3.6: ρ, $\rho = m/V$, g/L (auch g/cm^3 oder g/mL), 9,2; 3.7: N, $N = n \cdot N_A$ (Avogadro-Konstante $N_A = 6{,}02 \cdot 10^{23}\ mol^{-1}$), keine Einheit.
(4) 4.1: B. Gegeben ist die Konzentration der Salzsäurelösung $c = 0{,}5$ mol/L. In drei Litern Lösung ist insgesamt eine Stoffmenge von $n = 1{,}5$ mol HCl enthalten. Gesucht ist die Masse m von 1,5 mol HCl. Es gilt: $m = n \cdot M$. Die Molmasse von HCl beträgt $M(HCl) = (1 + 35{,}5)$ g/mol = 36,5 g/mol. Demnach ist die gesuchte Masse $m(HCl) = 1{,}5$ mol $\cdot$ 36,5 g/mol = **54,75 g**.

4.2: C. Gegeben ist die Masse an MgO, $m(MgO) = 0{,}8$ g. Gesucht ist die Masse Mg, $m(Mg)$, die eingesetzt werden muss, um 0,8 g MgO herzustellen. Die Masse m berechnet sich nach: $m(Mg) = n(Mg) \cdot M(Mg)$. Es muss zunächst die Stoffmenge n berechnet werden. Aus der Reaktionsgleichung ergibt sich, dass aus einem mol Mg ein mol MgO gebildet wird, das Stoffmengenverhältnis ist also Mg : MgO = 1 : 1. Es gilt demnach: $n(Mg) = n(MgO) = m(MgO)/M(MgO) = 0{,}8\ g/40\ g\ mol^{-1} = 0{,}02$ mol. (Die Molmasse von MgO berechnet sich nach $M(MgO) = (24 + 16)$ g/mol = 40 g/mol.) Für die Masse $m(Mg)$ gilt dann: $m(Mg) = n(Mg) \cdot M(Mg) = 0{,}02\ mol \cdot 24\ g/mol =$ **0,48 g.**

4.3: C. Die molare Masse von $MgCl_2$ beträgt $M(MgCl_2) = 95$ g/mol. 3 mmol wiegen demnach $m = n \cdot M = 3 \cdot 10^{-3}\ mol \cdot 95\ g/mol =$ **0,285 g.**

4.4: D. Erst die Reaktionsgleichung aufstellen: $2\ H_2 + O_2 \rightarrow 2\ H_2O$. Gegeben ist die molare Masse von Sauerstoff $M(O_2) = 32$ g/mol, d.h. 8 g sind 0,25 mol. Die molare Masse von Wasser ist $M(H_2O) = (2 \cdot 1 + 16)$ g/mol = 18 g/mol. Laut Reaktionsgleichung entstehen aus 0,25 mol Sauerstoff 0,5 mol Wasser (das Stoffmengenverhältnis ist $O_2 : H_2O = 1 : 2$), was einer Masse von $m(H_2O) = 0{,}5\ mol \cdot 18\ g/mol =$ **9 g** entspricht.

4.5: B. Die molare Masse von Ethanol ist $M(C_2H_6O) = (2 \cdot 12 + 6 \cdot 1 + 16)$ g/mol = 46 g/mol. 0,5 mol entsprechen einer Masse von $m(C_2H_6O) = n \cdot M = 0{,}5\ mol \cdot 46\ g/mol = 23$ g. Aus der Definition der Dichte ρ, $= m/V$ ergibt sich das Volumen, $V = m/\rho$, $= 23\ g/0{,}79\ g\ mL^{-1} =$ **29 mL.**

4.6: Reaktionsgleichung: $N_2 + 3\ H_2 \rightarrow 2\ NH_3$. Aus der Reaktionsgleichung ergibt sich, dass die Verbindungen im Stoffmengenverhältnis $N_2 : H_2 : NH_3 = 1 : 3 : 2$ zueinander stehen. Die molare Masse von Ammoniak ist $M(NH_3) = 17$ g/mol, d.h. 3,4 g entsprechen einer Stoffmenge von $n(NH_3) = m/M = 3{,}4\ g/17\ g\ mol^{-1} = 0{,}2$ mol. Um 0,2 mol NH_3 zu erhalten, müssen also gemäß obigem Verhältnis 0,3 mol H_2 eingesetzt werden. a) Geht man von einem Volumen von 22,4 L pro Mol H_2 aus, so nehmen 0,3 Mol ein Volumen von 22,4 L • 0,3 mol/1 mol = **6,72 L** ein. b) 0,3 mol entsprechen einer Masse von $m(H_2) = n \cdot M = 0{,}3\ mol \cdot 2\ g/mol =$ **0,6 g.**

4.7: Eine physiologische Kochsalzlösung enthält 0,9 g in 100 g Wasser. Für die Herstellung von 500 g Lösung benötigen Sie demnach 0,9 g • 5 = **4,5 g.**

(5)

5.1: $K = \frac{[CH_3Cl][I^{\ominus}]}{[CH_3I][Cl^{\ominus}]}$

5.2: $K = \frac{[NH_4^{\oplus}][Cl^{\ominus}]}{[HCl][NH_3]}$

5.3: $K = \frac{[NH_4^{\oplus}][OH^{\ominus}]}{[NH_3][H_2O]}$

5.4: $K = \frac{[C]^c[D]^d}{[A]^a[B]^b}$

5.5: $K = \frac{[\text{Essigsäureethylester}][\text{Wasser}]}{[\text{Essigsäure}][\text{Ethanol}]}$

(6) **Richtig**: 6.2, 6.3, 6.4, 6.5, 6.6, 6.8, 6.10, 6.13, 6.14, 6.15, 6.17, 6.21, 6.22; **falsch:** 6.1, 6.7, 6.9, 6.11, 6.12, 6.16, 6.18, 6.19, 6.20.

(7) 7.1: Gemäß dem Satz von Heß gilt: $\Delta H_{C\rightarrow CO2} = \Delta H_{C\rightarrow CO} + \Delta H_{CO\rightarrow CO2}$. Damit errechnet sich die gesuchte Reaktionsenthalpie $\Delta H_{C\rightarrow CO} = \Delta H_{C\rightarrow CO2} - \Delta H_{CO\rightarrow CO2} = (-393{,}8 - [-283{,}2])$ kJ/mol = –110,6 kJ/mol.

7.2: Bei der Reaktion entstehen aus einem mol Sauerstoff und zwei mol Kohlenmonoxid zwei mol Kohlendioxid. Bei einer Erhöhung des Druckes wird das System gemäß dem „Prinzip des kleinsten Zwanges" durch Verschiebung des Gleichgewichtes auf die Seite des Kohlendioxids ausweichen, da hiermit eine Abnahme des Volumens verbunden ist. Anders bei Temperaturerhöhung: Die Reaktion ist exotherm, es wird also Energie frei, sodass eine Erhöhung der Temperatur (= Zufuhr von Energie) eine Verschiebung des Gleichgewichtes auf die Seite der Edukte bewirkt.

(8)

8.1: $N_2 + 3\ H_2 \rightleftharpoons 2\ NH_3$

8.2: Gibbs' Freie Energie berechnet sich nach $\Delta G^0 = \Delta H^0 - T\,\Delta S^0 = -92{,}28$ kJ/mol – (298,15 K • –0,1989 kJ mol^{-1} K^{-1}) = –32,98 kJ/mol. Beachten Sie, dass die Reaktionsentropie ΔS^0 in

der Einheit kJ mol^{-1} K^{-1} anstelle der angegebenen J mol^{-1} K^{-1} in die Gleichung eingesetzt wird, also vorher mit einem Faktor 10^{-3} multipliziert werden muss.
8.3: Da die Freie Energie einen negativen Betrag hat, handelt es sich um eine exergone (= freiwillig ablaufende) Reaktion.
8.4: $K = \frac{[NH_3]^2}{[N_2][H_2]^3}$
8.5: Die thermodynamische Ableitung des Massenwirkungsgesetzes liefert die Gleichung $\Delta G^0 = -R \cdot T \cdot \ln K$. Hieraus berechnet sich der natürliche Logarithmus der Gleichgewichtskonstanten zu $\ln K = -\Delta G^0/(R \cdot T) = -(-32\,980$ J/mol$)/(8{,}31$ J mol^{-1} $K^{-1} \cdot 298{,}15$ K$) = 13{,}31$. (Beachten Sie, dass die freie Energie ΔG^0 in der Einheit J/mol anstelle der vorher berechneten kJ/mol in die Gleichung eingesetzt, also vorher mit einem Faktor 10^3 multipliziert werden muss.) Hieraus ergibt sich eine Gleichgewichtskonstante von $K = e^{13,31} = 6 \cdot 10^5$. Das Gleichgewicht liegt also (theoretisch) weit auf der Seite des Produktes.
Zusatzinformation: Bei dieser Temperatur ist die Reaktionsgeschwindigkeit jedoch sehr niedrig, sodass der Einsatz von Katalysatoren notwendig ist, um einen befriedigenden Umsatz zu erzielen.
(9) 9.1: gekoppelten; 9.2: Massenwirkungsgesetz; 9.3: Produkt; 9.4: Folge-; 9.5: von Le Châtelier/des kleinsten Zwanges; 9.6: exergon; 9.7: Stoffwechsel; 9.8: geschlossene; 9.9: Stoff-; 9.10: Energie-; 9.11: Konzentration; 9.12: Fließgleichgewicht.
(10) 1: Gaskonstante; 2: Kelvin; 3: mol; 4: Gleichgewichts-; 5: reversibel; 6: parts per million; 7: Entropie; 8: exergon; 9: offenes; 10: Triebkraft; 11: Edukte; 12: endotherm; 13: Molaritaet; 14: Gleichgewichts-; 15: Enthalpie; 16: gleich; 17: Gibbs-Helmholtz; 18: Waerme; 19: Ordnung; 20: Stoffmenge. **Lösungswort:** Alles strebt nach Chaos.
(11) E
(12) B
(13) D
(14) A

7 Salzlösungen

(1) 1.1: Salze; 1.2: Kationen; 1.3: Anionen; 1.4: Ionengitter; 1.5: Ionengitters; 1.6: Gitterenergie; 1.7: Ionen; 1.8: frei; 1.9: Hydrathülle; 1.10: Hydratation; 1.11: größere; 1.12: Umgebung; 1.13: Ion-Dipol; 1.14: Hydratation; 1.15: frei; 1.16: Hydratationsenthalpie; 1.17: -bilanz; 1.18: Temperatur-; 1.19: Gitterenergie; 1.20: Hydratationsenthalpie; 1.21: exotherm; 1.22: endotherm; 1.23: Lösungsenthalpie.

(2) 2.1: $MgCl_2 \rightarrow Mg^{2\oplus}{}_{aq} + 2\,Cl^{\ominus}{}_{aq}$

$\Delta H_L = \Delta H_U(MgCl_2) + \Delta H_H(Mg^{2\oplus}) + 2 \cdot \Delta H_H(Cl^{\ominus}) = 2525 + (-1618) + 2 \cdot (-376) =$ 155 kJ/mol; es tritt beim Lösen Abkühlung ein.
Merke: Aufzuwendende Energie hat ein positives Vorzeichen, abgegebene Energie ein negatives.
2.2: M_r ($MgCl_2$) = 24,3 + 2 • 35,5 = 95,3; 1 mol $MgCl_2$ sind 95,3 g; 1 mmol $MgCl_2$ sind 95,3 mg; 5 mmol $MgCl_2$ sind 476,5 mg = 0,4765 g.
(3) **Richtig:** 3.1, 3.4, 3.5, 3.7, 3.8, 3.11; **falsch:** 3.2, 3.3, 3.6, 3.9, 3.10, 3.12.
(4) $CaCl_2 \rightarrow Ca^{2\oplus}{}_{aq} + 2\,Cl^{\ominus}{}_{aq}$
In diesem Fall ist die aufzuwendende Gitterenergie kleiner als die frei werdende Hydratationsenthalpie für alle Ionen. Die Lösungsenthalpie wird negativ, der Lösungsvorgang ist exotherm.
$CaCl_2 \cdot 6\,H_2O \rightarrow Ca^{2\oplus}{}_{aq} + 2\,Cl^{\ominus} \rightarrow Ca^{2\oplus}{}_{aq} + 2\,Cl^{\ominus}{}_{aq}$
In diesem Fall sind die $Ca^{2\oplus}$-Ionen und $Cl^{\ominus}$-Ionen im Kristallgitter des Salzes schon partiell hydratisiert, d.h. die aufzuwendende Gitterenergie ist größer als die Hydratationsenthalpie der Ionen. Die Lösungsenthalpie wird positiv, der Lösungsvorgang ist endotherm.

(5) 1: N (Löslichkeitsprodukt), 2: I (Massenwirkungs-); 3: E (Konzentrationen), 4: D (konstant), 5: E (geringer), 6: R (Löslichkeit), 7: S (größer), 8: C (gesättigt), 9: H (qualitativen), 10: L (quantitativen), 11: A (Gleichgewicht), 12: G (heterogen); **Lösungswort:** Niederschlag.

(6) 6.1: AgCl, $Lp = [Ag^{\oplus}] \cdot [Cl^{\ominus}]$, mol^2/L^2
6.2: $BaCl_2$, $Lp = [Ba^{2\oplus}] \cdot [Cl^{\ominus}]^2$, mol^3/L^3
6.3: Ag_2S, $Lp = [Ag^{\oplus}]^2 \cdot [S^{2\ominus}]$, mol^3/L^3
6.4: $Ca_3(PO_4)_2$, $Lp = [Ca^{2\oplus}]^3 \cdot [PO_4^{3\ominus}]^2$, mol^5/L^5

(7) 7.1: $Lp(CuS) = [Cu^{2\oplus}] \cdot [S^{2\ominus}]$ mol^2/L^2; $Lp(PbS) = [Pb^{2\oplus}] \cdot [S^{2\ominus}]$ mol^2/L^2; die Konzentration der $Cu^{2\oplus}$ bzw. $Pb^{2\oplus}$-Ionen in der fertigen Lösung (1 L) ist je 0,05 mol/L, die der $S^{2\ominus}$-Ionen $0{,}5 \cdot 10^{-23}$ mol/L.
Das Produkt der Ionenkonzentrationen für beide Verbindungen ist demnach $0{,}05 \cdot 0{,}5 \times 10^{-23} = 0{,}025 \cdot 10^{-23} = 2{,}5 \cdot 10^{-25}$ mol^2/L^2.
Dieser Wert ist damit in beiden Fällen größer als das jeweilige Löslichkeitsprodukt, d.h. beide Verbindungen fallen aus.
7.2: $Lp(AgCl) = [Ag^{\oplus}] \cdot [Cl^{\ominus}]$, es gilt $[Ag^{\oplus}] = [Cl^{\ominus}]$, daher ist $[Cl^{\ominus}] = \sqrt{Lp} = 1{,}41 \cdot 10^{-5}$ mol/L, in 10 L sind dann $10 \cdot 1{,}41 \cdot 10^{-5}$ = **$1{,}41 \cdot 10^{-4}$ mol** $Cl^{\ominus}$-Ionen enthalten;
1 mol $Cl^{\ominus}$-Ionen sind 35,5 g, $1{,}41 \cdot 10^{-4}$ mol sind 35,5 g/mol $\cdot 1{,}41 \cdot 10^{-4}$ mol $= 5{,}0 \cdot 10^{-3}$ g = **5,0 mg** $Cl^{\ominus}$-Ionen.
7.3: $Lp(BaSO_4) = [Ba^{2\oplus}] \cdot [SO_4^{2\ominus}]$ mol^2/L^2, es gilt $[Ba^{2\oplus}] = [SO_4^{2\ominus}]$, in 1 L lösen sich also $\sqrt{Lp} = 10^{-5}$ mol, in 10 mL sind nur noch 10^{-7} mol $Ba^{2\oplus}$-Ionen enthalten, diese Menge entspricht auch dem gelösten Anteil von $BaSO_4$, 1 mol $BaSO_4$ sind 233 g, 10^{-7} mol sind $233 \cdot 10^{-7}$ g = $2{,}33 \cdot 10^{-2}$ mg = **0,0233 mg** $BaSO_4$ in gelöster Form; um auf die Anzahl der $Ba^{2\oplus}$-Ionen in 10 mL Lösung zu kommen, gehen wir von 10^{-7} mol aus, mit Hilfe der Avogadro-Konstante ergibt sich $10^{-7} \cdot 6{,}02 \cdot 10^{23}$ = **$6{,}02 \cdot 10^{16}$** $Ba^{2\oplus}$-Ionen.
Merke: Trotz der geringen Menge an gelöstem $BaSO_4$ ist die Anzahl der gelösten, hydratisierten $Ba^{2\oplus}$-Ionen immer noch riesengroß. Diese Menge ist jedoch nicht toxisch, ob sie andere Wirkungen auf den Stoffwechsel hat (z.B. beim Austausch gegen $Ca^{2\oplus}$-Ionen), ist nicht geklärt.
7.4: $Lp(CaF_2) = [Ca^{2\oplus}] \cdot [F^{\ominus}]^2$ mol^3/L^3, die Zahl der $F^{\ominus}$-Ionen ist doppelt so groß wie die der $Ca^{2\oplus}$-Ionen, d.h. $[F^{\ominus}] = 2\,[Ca^{2\oplus}]$, es folgt $Lp = [Ca^{2\oplus}] \cdot (2[Ca^{2\oplus}])^2 = 4 \cdot [Ca^{2\oplus}]^3$, damit ist $[Ca^{2\oplus}] = ¼ \cdot \sqrt[3]{Lp}$ = **$8{,}5 \cdot 10^{-4}$ mol/L.**

(8) E

(9) E

(10) 10.1: Elektrolyse; 10.2: Ionen; 10.3: Elektrolyte; 10.4: Anode; 10.5: Elektronen; 10.6: oxidiert; 10.7: Kathode; 10.8: Elektronen.

(11) 1: positiv, 2: Kochsalz, 3: Silber, 4: Dissoziation, 5: hydratisiert, 6: Ionenwanderung, 7: Niederschlag, 8: Elektrolyse, 9: Silbernitrat, 10: Loesungsenthalpie, 11: Bariumsulfat, 12: Hydroxyapatit, 13: Cytoplasma 14: Magnesium; **Lösungswort:** Salz in der Suppe.

(12) B

(13) C

(14) B

8 Säuren und Basen

(1) 1.1: -donatoren; 1.2: -akzeptoren; 1.3: abspaltbares/acides; 1.4: freies; 1.5: Protonen; 1.6: Protolysereaktion/Säure-Base-Reaktion; 1.7: Gleichgewicht; 1.8: konjugierte; 1.9: Wasser; 1.10: Proton; 1.11: Anion; 1.12: Hydronium; 1.13: hydratisiert; 1.14: Säurestärke; 1.15: kleine, niedrige (<1); 1.16: höhere, größere (>3); 1.17: mehrprotonig; 1.18: zweiprotonig; 1.19: Phosphorsäure/H_3PO_4; 1.20: basisch; 1.21: Ampholyt/amphoter; 1.22: Salz; 1.23: Wasser; 1.24: Neutralisation; 1.25: Hydronium; 1.26: Hydroxid; 1.27: Wasser; 1.28: $H_3O^{\oplus} + OH^{\ominus} \rightleftarrows 2\,H_2O$.

(2) 2.1: HCl, $Cl^{\ominus}$, Chlorid; 2.2: Essigsäure, $H_3C-COO^{\ominus}$, Acetat; 2.3: Schwefelsäure, $HSO_4^{\ominus}$, Hydrogensulfat; 2.4: Phosphorsäure, H_3PO_4, $H_2PO_4^{\ominus}$; 2.5: Kohlensäure, H_2CO_3, Hydrogencarbonat; 2.6: $HCO_3^{\ominus}$, $CO_3^{2\ominus}$, Carbonat; 2.7: Ammonium-Ion, NH_3, Ammoniak.

(3) 3.1: ja, 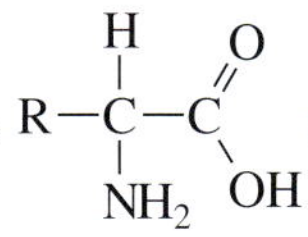 ; 3.2: nein; 3.3: nein; 3.4: ja, 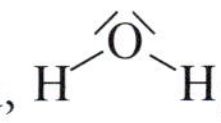; 3.5: ja, 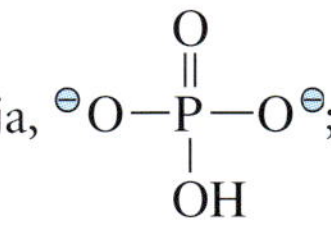;

3.6: ja, 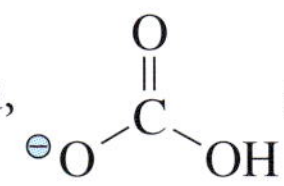 ; 3.7: nein.

(4) NH_3 (Ammoniak) + H_2O (Wasser) $\rightleftharpoons$ $NH_4^{\oplus}$ (Ammonium-Ion) + $OH^{\ominus}$ (Hydroxid-Ion), $NH_4^{\oplus}/NH_3$ und $H_2O/OH^{\ominus}$ sind die konjugierten Säure-Base-Paare.

$$K_b = \frac{[NH_4^{\oplus}]\,[OH^{\ominus}]}{[NH_3]};\quad pK_b = 14 - pK_s = 14 - 9{,}2 = 4{,}8$$

(5) 5.1: –3,0, 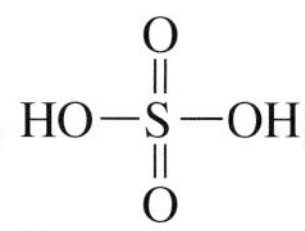; 5.2: 1,3, HOOC—COOH; 5.3: 4,8, H_3C—COOH;

5.4: 15,7, 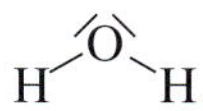. **Merke:** Je kleiner der pK_s-Wert, desto stärker ist die Säure.

(6) **Richtig:** 6.1, 6.4, 6.6, 6.7, 6.10; **falsch:** 6.2, 6.3, 6.5, 6.8, 6.9, 6.11, 6.12.

(7) 7.1: A. Bei pH = 4 ist $[H_3O^{\oplus}] = 10^{-4}$ mol/L. In einer 100-fach höher konzentrierten Lösung ist $[H_3O^{\oplus}] = 10^{-2}$ mol/L und demnach der pH = 2.

7.2: C. Berechnung: 60 mL · 0,1 M = 20 mL · x M; x = 0,3 M.

7.3: E. 98 g H_2SO_4 (M_r= 98) sind 1 mol, 98 g/1 mol = 4,9 g/x mol; x = 0,05 mol. Da Schwefelsäure zweiprotonig ist, werden nicht 0,05, sondern die doppelte Menge Protonen, d.h., 0,1 mol Protonen freigesetzt. Um diese zu neutralisieren, benötigt man 0,1 mol $OH^{\ominus}$-Ionen. Da eine 0,1 M NaOH verwendet wird, benötigt man von dieser 1000 mL.

7.4: HCl ist als starke Säure vollständig dissoziiert, $[H_3O^{\oplus}]$ = [HCl]. pH = 1,3 bedeutet $[H_3O^{\oplus}] = 10^{-1,3}$ = **0,05 mol/L.** Diese Konzentration entspricht der Konzentration der HCl-Lösung.

7.5: In 20 mL einer 0,5 M Schwefelsäurelösung (M_r = 98) sind 0,01 mol H_2SO_4 enthalten. Da H_2SO_4 zweiprotonig ist, werden 0,02 mol Protonen freigesetzt, d.h., in 25 mL Ammoniaklösung sind 0,02 mol NH_3 (M_r = 17) enthalten, was **0,34 g** NH_3 entspricht.

Gefragt ist ferner nach der Molarität der Ammoniaklösung, dazu muss man wissen, wie viel NH_3 1 L (= 1000 mL) enthält. Wenn 25 mL 0,34 g NH_3 enthalten, sind es in 1000 mL 0,34 g · 40 = 13,6 g NH_3. 17 g/1 mol = 13,6 g/x mol; x = 0,8 mol. Ergebnis: Die Ammoniaklösung war **0,8 M.**

7.6: C. 20 g NaOH (M_r = 40) entsprechen 0,5 mol. Man muss jetzt prüfen, welche der angegebenen Mengen bzw. Lösungen 0,5 mol Protonen freisetzen.

A 0,5 mol HCl (M_r = 36,5) sind 18,25 g.

B 1 L 1 M HCl enthält 1 mol HCl und setzt die entsprechende Menge Protonen frei.

C 24,5 g H_2SO_4 (M_r = 98) entspricht 0,25 mol. Diese Menge H_2SO_4 setzt zwei Protonen frei, was 0,5 mol Protonen entspricht.

D 1 L 1 M H_2SO_4 setzt 2 mol Protonen frei, 0,5 L also 1 mol Protonen.

E 2 L 0,1 M HCl setzen 0,2 mol Protonen frei.

7.7: In 1 L 1 M H_3PO_4 (M_r = 98) sind 98 g H_3PO_4 enthalten. Um zu 10 mL zu kommen, muss man diese Menge durch 100 teilen. Da nur eine 0,1 M Lösung gefragt ist, nochmals durch 10. *Also*: In 10 mL einer 0,1 M Lösung sind 10^{-3} mol H_3PO_4 enthalten, dies entspricht **0,098 g.**

7.8: 196 mg sind $2 \cdot 10^{-3}$ mol H_3PO_4 (M_r = 98). Zur Neutralisation bis zur 2. Stufe werden also $4 \cdot 10^{-3}$ mol NaOH oder **40 mL** einer 0,1 M NaOH-Lösung benötigt.

$H_3PO_4 + 2\,NaOH \rightarrow Na_2HPO_4 + 2\,H_2O$.

(8) 8.1: basisch; 8.2: Natriumhydrogensulfat, neutral; 8.3: Natriumchlorid/Kochsalz; 8.4: Natriumcarbonat, basisch; 8.5: Dikaliumhydrogenphosphat, basisch; 8.6: Ammoniumchlorid, sauer; 8.7: Natriumhydrogencarbonat, basisch; 8.8: Kaliumformiat, basisch.

(9) 9.1: schwachen; 9.2: konstant; 9.3: Henderson-Hasselbalch; 9.4: pK_s-Wert;. 9.5: 1; 9.6: konzentriert; 9.7: Pufferkapazität; 9.8: $pK_s \pm 1$; 9.9: pH-Optimum.

(10) 10.1:

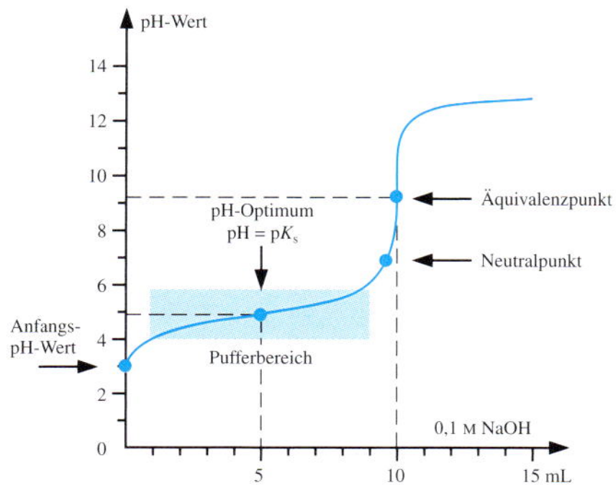

Bis zum Äquivalenzpunkt müssen 10 mL 0,1 M NaOH zugegeben werden; der Anfangs-pH-Wert ist pH = ½ (pK_s – lg [0,1]) = 2,9. Am Äquivalenzpunkt liegt der pH-Wert um 9. Der Pufferbereich liegt bei pH = 4,8 ± 1.

10.2:

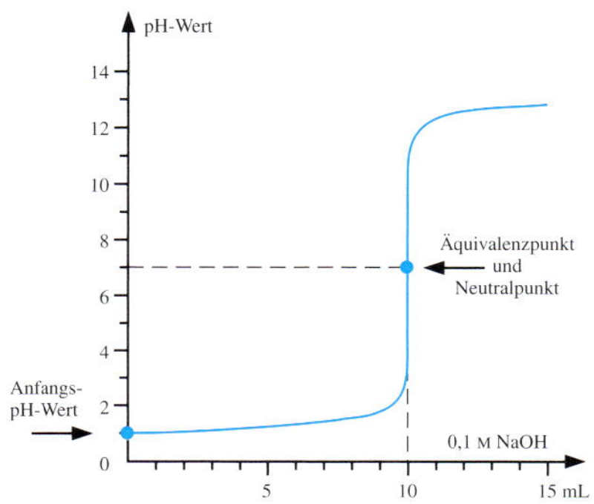

Der Anfangs-pH-Wert ist pH = –lg [0,1] = 1; bis zum Äquivalenzpunkt (pH = 7) müssen 10 mL 0,1 M NaOH zugegeben werden.

(11) 11.1: a) *Einwaagen*: 0,1 mol Essigsäure (M_r = 60) sind 6 g, 0,1 mol Natriumacetat (M_r = 82) sind 8,2 g, pH = pK_s + lg ([CH_3COONa]/[CH_3COOH]) = 4,8 + lg ([0,1 mol/L]/[0,1 mol/L]) = 4,8. Für äquimolare Puffer gilt: pH = pK_s.

b) Der pH-Wert ändert sich nicht, weil der Quotient der Konzentrationen von Natriumacetat und Essigsäure in der Puffergleichung gleich bleibt, pH = 4,8. Die Pufferkapazität von b) mit nur 0,01 mol/L Puffersubstanzen ist wegen der geringen Gesamtkonzentration kleiner als die von a).

c) $pH = 4{,}8 + \lg [\frac{0{,}2}{0{,}1}] = 5{,}1$;

d) $pH = 4{,}8 + \lg [\frac{0{,}2}{0{,}4}] = 4{,}5$.

11.2: Die Stoffmenge an NH_4Cl (M_r = 53) ist $n = m/M$ = 13,25 g/53 g mol^{-1} = 0,25 mol. Da 1 L Lösung angesetzt wird, ist die Stoffmengenkonzentration c = 0,25 mol/L. 25 mmol NH_3 sind 0,025 mol.

$pH = 9{,}2 + \lg [\frac{0{,}025}{0{,}25}] = 8{,}2$.

11.3: Ein 1 M Phosphatpuffer mit pH = 7,2 enthält je 0,5 mol NaH_2PO_4 (pK_S = 7,2, M_r = 120) und Na_2HPO_4 (M_r = 142). Dies entspricht einer Einwaage von 60 g NaH_2PO_4 und 71 g Na_2HPO_4, da $m = n \cdot M$.

(12) **Waagrecht:** 1 Neutralpunkt; 3 Autoprotolyse; 4 Liter; 5 drei; 6 Ammonium; 7 Ampholyt; 8 basisch; 9 Acidose; 11 Aequivalenzpunkt; 14 pHMeter; 16 Essigsaeure; 19 Lactat; 20 sauer macht lustig; **senkrecht:** 1 Neutralisation; 2 Alkalimetrie; 10 Saeurestaerke; 12 neutral; 13 Base; 15 Indikator; 17 Salz; 18 Lipid

(13) 13.1: Es entsteht ein Gas
13.2: $CaCO_3 + H_2SO_4 \rightarrow CaSO_4 + H_2CO_3$
$H_2CO_3 \rightleftharpoons CO_2\uparrow + H_2O$
Die gebildete Kohlensäure ist nicht stabil, sie zerfällt in CO_2 und Wasser. Das Gleichgewicht liegt weit rechts.
13.3: Die stärkere Säure verdrängt die schwächere aus ihrem Salz.
(14) E
(15) D
(16) B
(17) D
(18) 18.1: Protein-; 18.2: Kohlensäure-Bicarbonat-; 18.3: Phosphat- (18.1 bis 18.3 in beliebiger Reihenfolge); 18.4: 7,4; 18.5: 7,43; 18.6: 7,37; 18.7: Alkalose; 18.8: Acidose

9 Oxidation und Reduktion

(1) 1.1: Elektronen; 1.2: übertragen; 1.3: Elektronen; 1.4: Oxidation; 1.5: Reduktion; 1.6: Zahl; 1.7: Elektronen; 1.8: gleich; 1.9: Zahl; 1.10: Elektronen; 1.11: oxidiert; 1.12: reduziert; 1.13: -akzeptor; 1.14: Oxidationsmittel; 1.15: reduziert; 1.16: Reduktionsmittel; 1.17: oxidiert; 1.18: reversibel; 1.19: freiwillig; 1.20: Wasser; 1.21: Knallgas; 1.22: Energie.
(2) 2.1: $Mg \rightarrow 2\,Mg^{2\oplus} + 4\,e^{\ominus}$; 2.2: $O_2 + 4\,e^{\ominus} \rightarrow 2\,O^{2\ominus}$; 2.3: $2\,Mg^{2\oplus}$; 2.4: $2\,O^{2\ominus}$; 2.5: Mg; 2.6: O_2; 2.7: $2\,Na \rightarrow 2\,Na^{\oplus} + 2\,e^{\ominus}$; 2.8: $Cl_2 + 2\,e^{\ominus} \rightarrow 2\,Cl^{\ominus}$;

2.9: 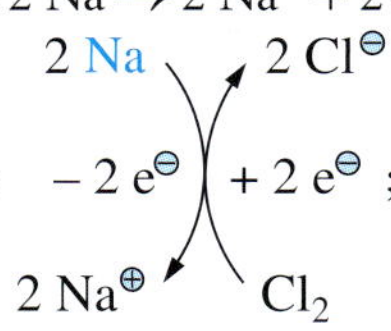

; 2.10: Na (Natrium); 2.11: Cl_2 (Chlor);

2.12: $2\,H_2 + O_2 \rightarrow 2\,H_2O$
$2\,H_2 \rightarrow 4\,H^{\oplus} + 4\,e^{\ominus}$ (Oxidation) 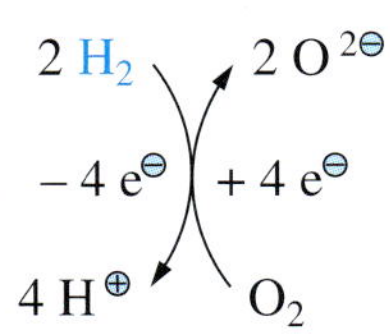

$O_2 + 4\,e^{\ominus} \rightarrow 2\,O^{2\ominus}$ (Reduktion)

Oxidationsmittel: O_2
Reduktionsmittel: H_2
(3) E
(4)

	Reaktionsgleichung	Oxidationsmittel	Reduktionsmittel	oxidiertes Produkt
(4.1)	$Zn + 2\,HCl \rightarrow ZnCl_2 + H_2\uparrow$	$H^{\oplus}$, +1	Zn, 0	$Zn^{2\oplus}$, +2
(4.2)	$2\,KI + Cl_2 \rightarrow I_2 + 2\,KCl$	Cl_2, 0	$I^{\ominus}$, –1	I_2, 0
(4.3)	$S + O_2 \rightarrow SO_2$	O_2, 0	S, 0	S im SO_2, +4
(4.4)	$2\,Na + 2\,H_2O \rightarrow 2\,NaOH + H_2\uparrow$	$H^{\oplus}$, +1	Na, 0	$Na^{\oplus}$, +1

Merke: Oxidationsmittel werden selbst reduziert.

(5)

		Name	Oxidationsstufen			
(5.1)	CH_4	Methan	C: –4	H: +1		
(5.2)	CO_2	Kohlendioxid	C: +4	O: –2		
(5.3)	NH_3	Ammoniak	N: –3	H: +1		
(5.4)	H_2O	Wasser	H: +1	O: –2		
(5.5)	N_2O	Lachgas	N: +1	O: –2		
(5.6)	$FeCl_3$	Eisen(III)-chlorid	Fe: +3	Cl: –1		
(5.7)	$CuSO_4$	Kupfer(II)-sulfat	Cu: +2	S: +6	O: –2	
(5.8)	KNO_3	Kaliumnitrat	K: +1	N: +5	O: –2	
(5.9)	Fe_2O_3	Eisen(III)-oxid	Fe: +3	O: –2		
(5.10)	Na_2SO_4	Natriumsulfat	Na: +1	S: +6	O: –2	
(5.11)	K_2HPO_4	Dikaliumhydrogenphosphat	K: +1	H: +1	P: +5	O: –2
(5.12)	$KMnO_4$	Kaliumpermanganat	K: +1	Mn: +7	O: –2	

(6) **Richtig**: 6.1, 6.4, 6.5, 6.6, 6.8, 6.10; **falsch**: 6.2, 6.3, 6.7, 6.9, 6.11, 6.12.
(7) B
(8) B
(9) 9.1: ja, $Zn + CuSO_4 \rightarrow Cu + ZnSO_4$ (es scheidet sich Kupfer ab), $\Delta E = +1{,}11$ V;
9.2: ja, $Zn + 2\,AgNO_3 \rightarrow 2\,Ag + Zn(NO_3)_2$ (es scheidet sich Silber ab), $\Delta E = +1{,}57$ V;
9.3: nein, Kupfer hat ein positiveres Redoxpotenzial als Zink, es fließen freiwillig keine Elektronen vom Cu zum $Zn^{2\oplus}$, $\Delta E = -1{,}11$ V;
9.4: nein, Silber hat ein positiveres Redoxpotenzial als Kupfer, es kann $Cu^{2\oplus}$ nicht reduzieren, die Situation ist analog der bei (9.3) , $\Delta E = -0{,}46$ V;
9.5: nein, es liegt eine Salzmischung vor, die Ionen sind allein keine Redoxpartner;
9.6: ja, $Cu + 2\,AgNO_3 \rightarrow 2\,Ag + Cu(NO_3)_2$ (es scheidet sich Silber ab), $\Delta E = +0{,}46$ V.
(10) C
(11) E
(12) B
(13) C
(14) 1: Knallgas, 2: Normalpotenzial, 3: Einstabmesskette, 4: Reduktion, 5: Spannungsreihe, 6: Diaphragma, 7: Nernst, 8: Elektroden, 9: Halbzellen, 10: Oxidation, 11: Protonen, 12: Elektronen. **Lösungswort:** Atmungskette
(15) 15.1: E = **–0,42 V**, *Rechenweg:* Das Redoxgleichgewicht für die Halbzelle lautet:
$2\,H_3O^{\oplus} + 2\,e^{\ominus} \rightleftharpoons H_2 + 2\,H_2O$, die Nernst-Gleichung wird angewandt:

$$E = 0 + \frac{0{,}06}{2}\lg\frac{[H_3O^{\oplus}]^2}{[H_2O]^2 \cdot [H_2]}\ \text{Volt}$$

Die Konzentrationen von Wasser und H_2 werden gleich 1 gesetzt, es folgt:

$$E = 0 + \frac{0{,}06}{2}\lg [H_3O^{\oplus}]^2 = 0{,}06\lg [H_3O^{\oplus}], \text{ da } pH = -\lg [H_3O^{\oplus}] \text{ folgt}$$

E = –0,06 • pH Volt (siehe Aufgabe 12), E = –0,06 • 7 = –0,42 V;
15.2: E = **+0,81 V**,

Rechenweg: $E = 1{,}23 + \frac{0{,}06}{2}\lg\frac{[O_2] \cdot [H_3O^{\oplus}]^4}{[H_2O]^6}\text{Volt}$

11 Einführung und Überblick

(1) 1.1: Biochemie; 1.2: Kohlenstoff; 1.3: Wasserstoff; 1.4: Sauerstoff; 1.5: Stickstoff; 1.6: C, H, O und N; 1.7: Schwefel; 1.8: Phosphor; 1.9: struktur-; 1.10: Modifikationen; 1.11: Diamant; 1.12: Organischen; 1.13: Kohlenstoff; 1.14: Kohlenstoffs; 1.15: Wasser; 1.16: kosmisches; 1.17: Erde; 1.18: Wärme/Energie; 1.19: Erde; 1.20: Photosynthese; 1.21: höhere; 1.22: Luft; 1.23: Atmosphäre; 1.24: Schallübertragung; 1.25: äußere; 1.26: innere.
(2) **Richtig**: 2.1, 2.3, 2.5, 2.7, 2.8, 2.9, 2.10, 2.13; **falsch**: 2.2, 2.4, 2.6, 2.11, 2.12, 2.14.
(3) B
(4) D
(5) B

12 Kohlenwasserstoffe

(1) 1.1: C; 1.2: Wasserstoff; 1.3: vier; 1.4: sp^3; 1.5: Tetraeders; 1.6: C-C, Kohlenstoff-Wasserstoff; 1.7: σ; 1.8: statistisch/linear; 1.9: Zickzack; 1.10: Alkane; 1.11: C_nH_{2n+2}; 1.12: O_2; 1.13: Verbrennung; 1.14: Methan; 1.15: Propan/Butan; 1.16: Verbrennung; 1.17: Kohlendioxid (CO_2), Wasser (H_2O); 1.18: σ, π; 1.19: frei; 1.20: cis/trans; 1.21: planar; 1.22: Alkene; 1.23: C_nH_{2n}; 1.24: Additions; 1.25: Wasserstoff; 1.26: Hydratisierung; 1.27: Aroma; 1.28: cyclisch; 1.29: π-Elektronen; 1.30: konjugiert; 1.31: cyclisch-planar; 1.32: Benzol; 1.33: elektrophile.

(2) 2.1: 3; 2.2: 1; 2.3: 1; 2.4: -O-; 2.5: -H; 2.6: -F, -Cl, -Br, -I; 2.7: >C=; 2.8: =O; 2.9: =C=; 2.10: —C≡.
(3) 3.1: ungesättigt; 3.2: Olefine, Alkene; 3.3: gesättigt; 3.4: cyclische; 3.5: Alkene oder Cycloalkane; 3.6: Cyclohexan; 3.7: Hexen; 3.8: C_6H_{10}; 3.9: C_6H_6; 3.10: Alkine;
3.11: H—C≡C—H, Ethin; 3.12: z. B. $H_2C{=}CH{-}CH_2{-}CH_2{-}CH_2{-}CH_3$; 3.13: 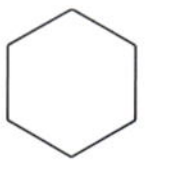

3.14: z. B. $H_2C{=}CH{-}C{\equiv}C{-}CH{=}CH_2$; 3.15: 

(4) 4.1: funktionelle; 4.2: Stoffklasse; 4.3: Eigenschaften; 4.4: wiederkehrende; 4.5: CH_2; 4.6: ; 4.7: Alken, C_nH_{2n}; 4.8: C=C-Doppelbindung; 4.9: $H_3C{-}CH_3$, Ethan; 4.10: $H_3C{-}CH_2{-}CH_2{-}CH_3$; 4.11: Alkane; C_nH_{2n+2}; 4.12: keine;

4.13: $\begin{matrix} H_2C-CH_2 \\ | \quad\;\; | \\ H_2C-CH_2 \end{matrix}$, Cyclobutan;

4.14: 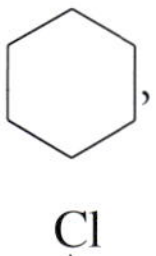, Cyclohexan; 4.15: Cycloalkane, C_nH_{2n}; 4.16: keine;

4.17: 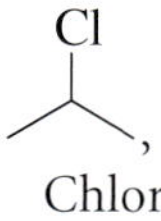, 2-Chlorpropan; 4.18: 2-Chlorbutan; 4.19: 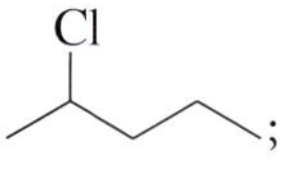;
4.20: Chloralkane, $C_nH_{2n+1}Cl$; 4.21: Chloratom.
(5)
5.1: $CH_4 + 2\,O_2 \rightarrow CO_2 + 2\,H_2O$;
5.2: $C_6H_{12} + 9\,O_2 \rightarrow 6\,CO_2 + 6\,H_2O$; ($C_6H_{12}$ = Cyclohexan)
5.3: $C_2H_5\text{-}OH + 3\,O_2 \rightarrow 2\,CO_2 + 3\,H_2O$;
5.4: $2\,H_2 + O_2 \rightarrow 2\,H_2O$;
5.5: Bei der Verbrennung fossiler Energieträger entstehen Kohlendioxid (CO_2) und Wasser. CO_2 ist ein Treibhausgas, es trägt erheblich zur Erwärmung der Erde bei. Der aus Wasser herstellbare Wasserstoff (H_2) ergibt bei der Verbrennung wieder Wasser. Umweltfreundlicher geht es nicht.

(6) Konstitutionsisomer bedeutet: gleiche Summenformel, aber andere Strukturformel

6.1:  *n*-Pentan 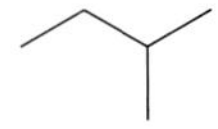 2-Methylbutan  2,2-Dimethylpropan

6.2:  1-Penten 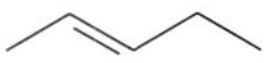 2-Penten 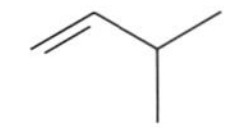 3-Methyl-1-buten

6.3: 

1-Brombutan 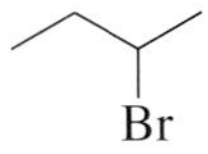

2-Brombutan 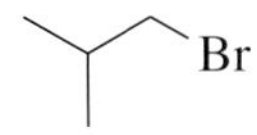

1-Brom-2-methylpropan

(7)
7.1:  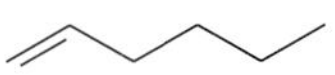 1-Hexen 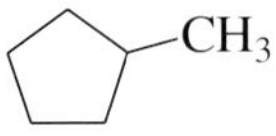

Methylcyclopentan

7.2: $H_3C{-}CH_2{-}OH$ $H_3C{-}O{-}CH_3$ Dimethylether

7.3: 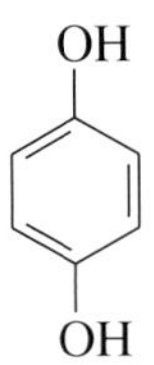

1,4-Dihydroxybenzol (= Hydrochinon)

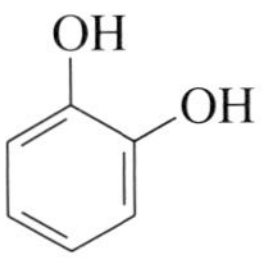

1,2-Dihydroxybenzol (= Brenzkatechin)

(8)
8.1: $C_4H_8 + 6\ O_2 \rightarrow 4\ CO_2 + 4\ H_2O$ (Kohlendioxid, Wasser)

8.2: 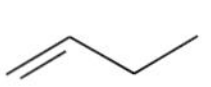 $+ Br_2 \rightarrow$ 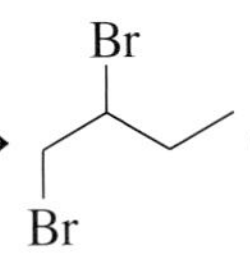

(1,2-Dibrombutan)

8.3: 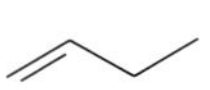 $+ H_2 \xrightarrow{[Pd]}$ 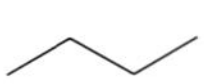 (*n*-Butan)

8.4: 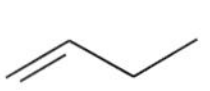 $+ H_2O \xrightarrow{[H^{\oplus}]}$ 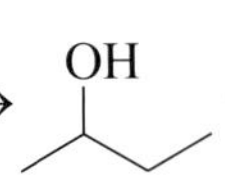

(2-Butanol) oder weniger begünstigt 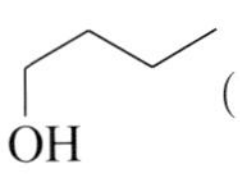

(1-Butanol)

(9)
9.1: Unter UV-Licht findet eine radikalische Substitution statt.

$C_6H_{12} + Br_2 \rightarrow C_6H_{11}Br + HBr$ ($C_6H_{11}Br \triangleq$ 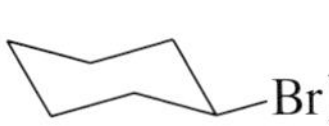

) Bromcyclohexan

9.2: Entfärbung des brauen Broms, Addition von Brom an die Doppelbindung.

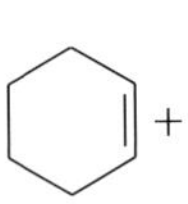 $+ Br_2 \longrightarrow$ 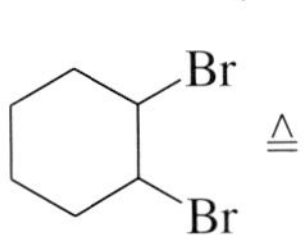

$\triangleq$ 

1,2-*trans*-Dibromcyclohexan

9.3: Elektrophile aromatische Substitution

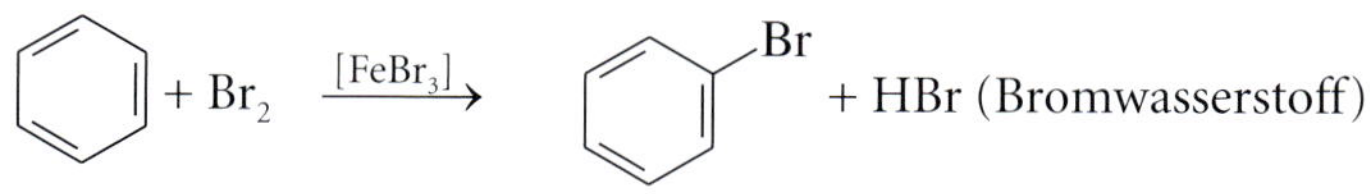

Brombenzol

(10) 10.1: beschleunigt; 10.2: erniedrigt, absenkt; 10.3: verbraucht; 10.4: Geschwindigkeit; 10.5: Lage; 10.6: Ausbeute; 10.7: unverändert; 10.8: biologischen; 10.9: biochemische; 10.10: Proteine; 10.11: endergone; 10.12: exergone; 10.13: zugeführt; 10.14: aktiviert; 10.15: Energie; 10.16: reaktiv; 10.17: stabiler; 10.18: Geschwindigkeit; 10.19: Edukte; 10.20: Produkte; 10.21 erster; 10.22: zweiter; 10.23: Kinetik; 10.24: Reaktionsgeschwindigkeit; 10.25: Aktivierungsenergie.
(11) C
(12) C
(13) D
(14) E
(15) C
(16) A
(17) Möbelpolitur enthält Benzin (aliphatische Kohlenwasserstoffe), das Lungenschäden verursacht, wenn es beim Erbrechen inhaliert wird. Der Magen muss umgehend ausgepumpt werden.
(18) Aus jedem Kanister eine kleine Menge entnehmen und
18.1: im Freien anzünden, nur Benzin brennt.
18.2: in einem Glas mischen. Es bilden sich zwei Phasen, Benzin schwimmt oben. Alternativ: Der Benzinkanister ist leichter als der Wasserkanister.
18.3: in jeder Probe Haushaltssalz (NaCl) oder Zucker (Saccharose) zu lösen versuchen. Beide Stoffe sind nur in Wasser löslich. Olivenöl löst sich nur in Benzin.

13 Verbindungen mit einfachen funktionellen Gruppen

(1) 1.1: Alkohole; 1.2: Hydroxygruppe; 1.3: Methanol; 1.4: Gift; 1.5: schädigen; 1.6: Phenol; 1.7: Östradiol; 1.8: Isopropanol; 1.9: sekundärer Alkohol; 1.10: Sauerstoffatom; 1.11: freie, 1.12: negativ; 1.13: Wasserstoffbrücken; 1.14: positiv; 1.15: höher; 1.16: hydro-, lipo-; 1.17: lipo-, hydro-; 1.18: Steroiden; 1.19: lipo-; 1.20: Lipid; 1.21: Amine; 1.22: Ammoniak; 1.23: freies; 1.24: Proton; 1.25: Basen.

(2) 2.1: $CH_3-CH(OH)-CH_3$, sek. Alkohol, 2-Propanol;

2.2: $H_3C-\overline{\underline{O}}-CH_3$, Ether, Dimethylether;

2.3: Phenol, 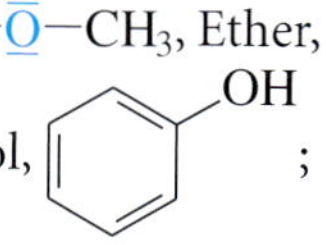

; 2.4: Schwefelwasserstoff;

2.5: H_3C-CH_2-SH, Thiol (Mercaptan), Ethanthiol;

2.6: $H_3C-S-CH_3$, Thioether, Dimethylsulfid; 2.7: $H_3C-CH_2-NH_2$, prim. Amin, Ethylamin;

2.8: 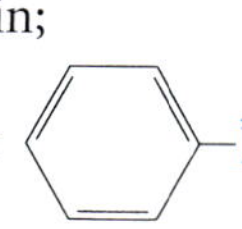 $-\overline{N}H_2$, aromatisches prim. Amin, Anilin; 2.9: NH_3, Ammoniak.

(3) 3.1: Phenol, phenol. OH-Gruppe;

3.2: CH_2-OH / $CH-OH$ / CH_2-OH ; 3.3: $CH_3-CH_2-CH(OH)-CH_3$, sek. OH-Gruppe;

3.4: 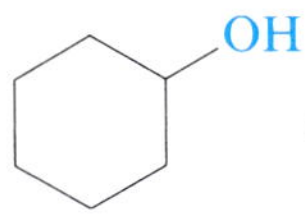 , sek. OH-Gruppe; 3.5: 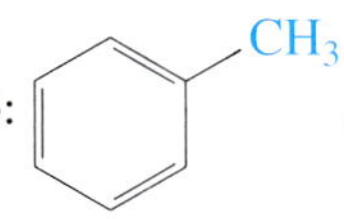 , Methylgruppe;

3.6: 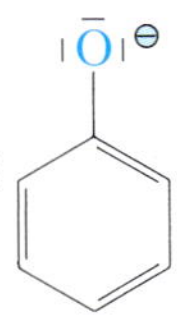 , Phenolat-Anion; 3.7: $H_3C-CH_2-\overline{O}-CH_2-CH_3$, Ethergruppe;

3.8: $H_5C_2-S-S-C_2H_5$, Disulfidbrücke; 3.9:  $-CH_2-OH$, prim. OH-Gruppe;

3.10: Anilin, prim. Aminogruppe; 3.11: $CH_3CH_2-NH-CH_2CH_3$, sek. Amin; 3.12: NH_3, Ammoniak; 3.13: Adrenalin, sek. Amin; 3.14: Cholin, prim. OH-Gruppe, quart. Ammoniumgruppe.
(4) 4.1: Säuren; 4.2: aufnehmen; 4.3: Base; 4.4: amphoteren; 4.5: Wasser; 4.6: Elektronen; 4.7: mehrere; 4.8: ungenügend; 4.9: stabiler, delokalisiert; 4.10: -ärmer; 4.11: einem; 4.12: sauer; 4.13: Phenolat-; 4.14: mesomerie; 4.15: Protons.
(5) **Lösungswort**: Sinnvolle Verwendung von Antibiotika.
(6) 6.1: zwei, $M_r = 62$, M_r für zwei Sauerstoff: 32, Gehalt Sauerstoff: 32 : *62* • *100* = 51,6%;
6.2: drei, $M_r = 92$, M_r für drei Sauerstoff: 48, Gehalt Sauerstoff 52,2%;
6.3: sechs, $M_r = 180$, M_r für sechs Sauerstoff: 96, Gehalt Sauerstoff: 53,3%.
(7) **Waagrecht:** 1 Cholesterin, 5 Adrenalin, 8 Fett, 9 Thiol, 10 primaer, 11 amphoter, 13 Butan, 14 Bor, 16 Epimere, 17 Glycerin, 18 nucleophil, 19 Iod, 20 Ethyl, 22 Enzym, 27 Derivate, 29 tertiaer, 32 Stellung, 35 Triosen, 36 osen, 37 Druck, 38 Lys, 39 Ethin, 40 Zn, 41 Na, 42 Neon; **senkrecht:** 1 Coffein, 2 Lithium, 3 Ether, 4 sekundaer, 6 Alken, 7 Isopropanol, 10 Protein, 11 Amid, 12 Phenol, 15 Aldehyd, 16 Ester, 21 Keton, 23 Nernst, 24 Menthol, 25 Steran, 26 Arsen, 28 Valenz, 30 Arene, 31 Amine, 33 Gase, 34 tri.
(8)

8.1: 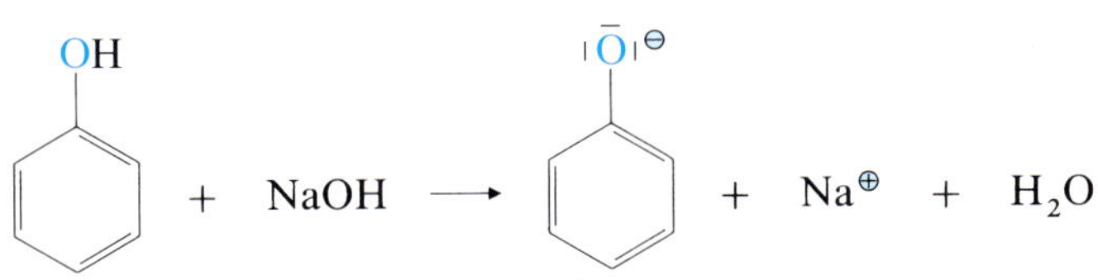

Neutralisation

8.2: $2\ CH_3-CH_2-OH + 2\ Na \rightarrow 2\ Na^{\oplus} + 2\ CH_3-CH_2-O^{\ominus} + H_2$ (Gesamtprozess)
Es laufen zwei Teilreaktionen ab:

$H_3C-CH_2-OH \longrightarrow H_3C-CH_2-\overline{\underline{O}}|^{\ominus} + H^{\oplus}$ (Säure/Base-Reaktion)

$2\ H^{\oplus} + 2\ Na \longrightarrow 2\ Na^{\oplus} + H_2$ (Redoxreaktion);

8.3: 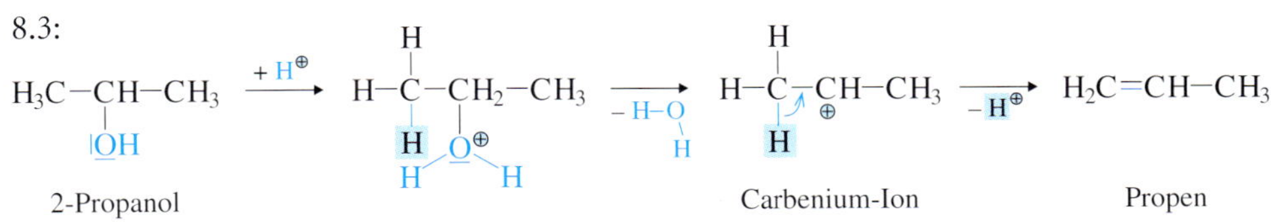

Dehydratisierung (Eliminierung), es entstehen Propen und Wasser.

8.4: $H_3C-CH=CH-CH_3 + H_2O \rightarrow H_3C-CH_2-CH(OH)-CH_3$

Hydratisierung (Addition), es entsteht 2-Butanol.

8.5: CH_3–CH_2–CH_2–NH_2 + $H^{\oplus}$ → CH_3–CH_2–CH_2–$NH_3^{\oplus}$, Protonierung, Säure-Base-Reaktion, es entsteht das Propylammonium-Ion;
8.6: CH_3–CH_2–I + KOH → CH_3–CH_2–OH + KI , nucleophile Substitution, es entstehen Ethanol und Kaliumiodid;
8.7: CH_3–CH_2–SH → CH_3–CH_2–S–S–CH_2–CH_3 + 2 H, Oxidation (Dehydrierung), es entstehen Diethyldisulfid und Wasserstoff.
(9) **Richtig:** 9.1, 9.2, 9.3, 9.6, 9.7, 9.8, 9.9, 9.10; **falsch:** 9.4, 9.5, 9.11, 9.12.
(10) D
(11) A
(12) B
(13) D
(14) C
(15) E
(16) 16.1: Ethanol; 16.2: 4; 16.3: ein; 16.4: 0,25; 16.5: halber; 16.6: ein; 16.7: Erfrierung; 16.8: erweitert; 16.9: Wärme-; 16.10: Körpertemperatur; 16.11: Ethanolabbau; 16.12: $NAD^{\oplus}$; 16.13: nicht.

14 Aldehyde und Ketone

(1) 1.1: Carbonyl; 1.2: Aldehyd; 1.3: Keto; (1.4): Oxidation; 1.5: Aldehyde; 1.6: zwei; 1.7: Carbonsäuren; 1.8: Wasser; 1.9: H-Atome; 1.10: sekundären; 1.11: Ketone; 1.12: Nucleophilen; 1.13: elektrophiles; 1.14: nucleophiles; 1.15: α-C-Atom; 1.16: Acidität; 1.17: Keto-Enol; 1.18: Wasser; 1.19: acetal; 1.20: Iminen; 1.21: Aldol; 1.22: Aldol-Kondensation.

(2)
2.1: $H-C(=O)-H$; Ethanal (= Acetaldehyd); $H_3C-CH_2-C(=O)-H$, Propanal;

$H_3C-CH_2-CH_2-C(=O)-H$, Butanal

2.2: $H_3C-C(=O)-CH_3$, Propanon (= Aceton); 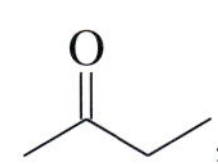, Butanon; 2-Pentanon;

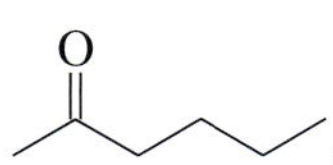, 2-Hexanon; $C_nH_{2n}O$

2.3: 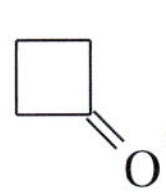, Cyclobutanon; Cyclopentanon; 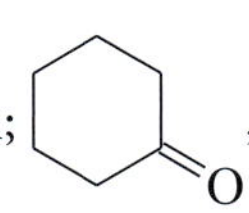, Cyclohexanon;

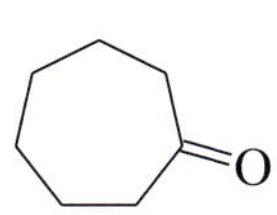 Cycloheptanon; $C_nH_{2n-2}O$

(3) 3.1: B; 3.2: A; 3.3: C; 3.4: A; 3.5: D; 3.6: B,C und E; 3.7: B,D und F; 3.8: E; 3.9: B,C; 3.10: E; 3.11: G; 3.12: F; 3.13: Duftstoffe
(4)
4.1: H_3C-CH_2-CH_2OH, 1-Propanol (= *n*-Propanol);
4.2: $H_3C-CH(OH)-CH_3$, 2-Propanol (= Isopropanol);

4.3: CH_2=CH-CH_2OH, Allylalkohol, Alkenol;
4.4: H_3C-O-CH_2-CH_3 Methoxyethan (= Ethylmethylether);
4.5 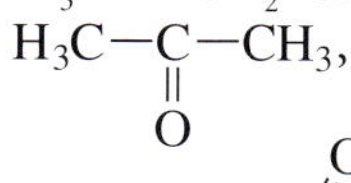 , Propanon (= Aceton);

4.6: 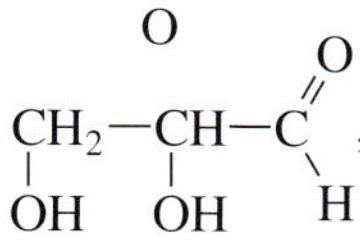 , Aldotriose;

4.7: 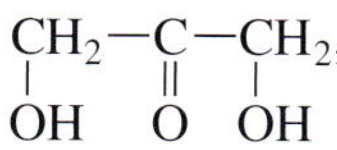 , Ketotriose

(5)

5.1: 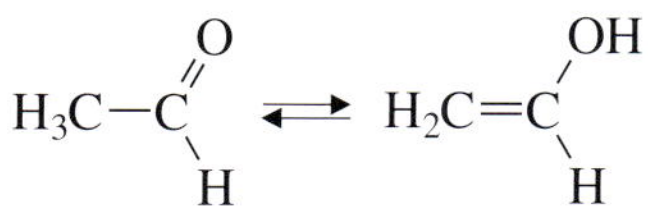

5.2: 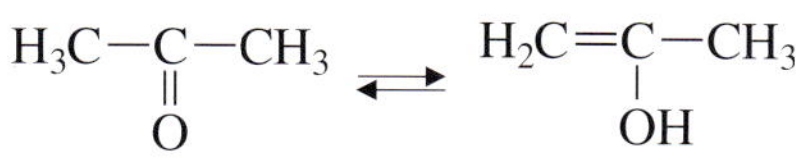

5.3: 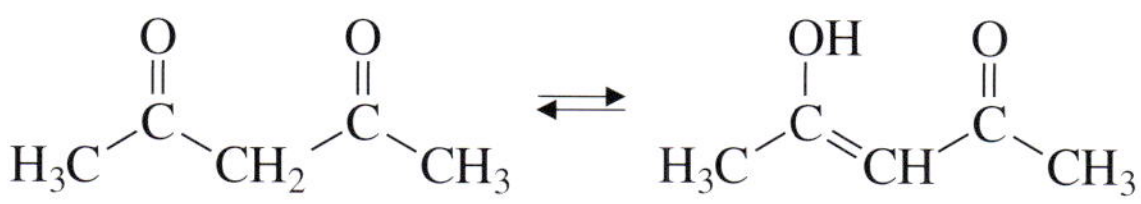

5.4: 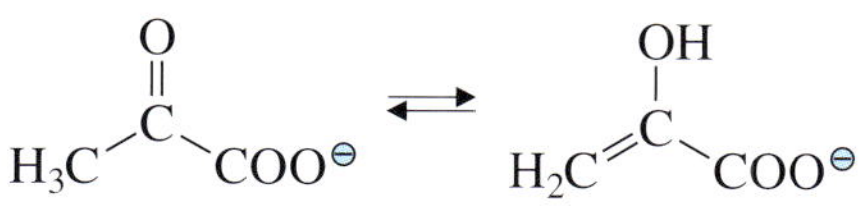

(6)
6.1: H_3C-CH_2OH; 6.2: 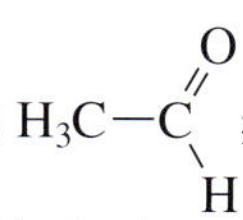 ; 6.3: + H_2O; 6.4: –2 H; 6.5: Essigsäure;
6.6: Dehydrierung (= Oxidation).

(7)
7.1: H_3C-CH_2-COOH, Propionsäure, Carbonsäure;

7.2: 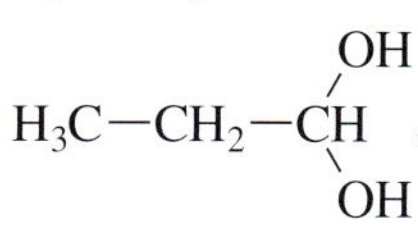 , Propanal-hydrat, Aldehydhydrat;

7.3: 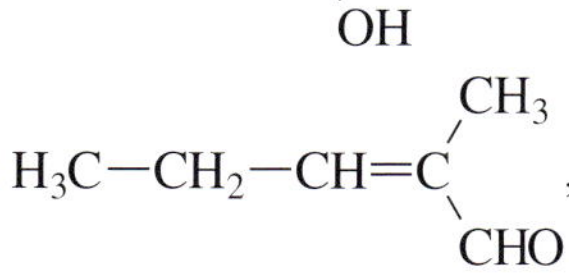 , 2-Methyl-pent-2-enal, α, β-ungesättigter Aldehyd;

7.4: 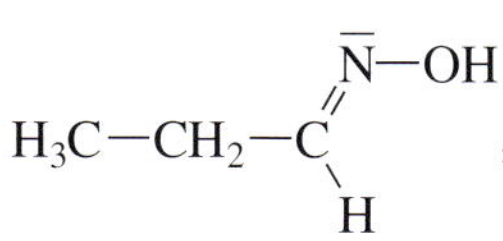 , Pentanaloxim, Oxim;

7.5; H_3C-CH_2-CH_2OH, *n*-Propanol, primärer Alkohol

(8)
8.1: 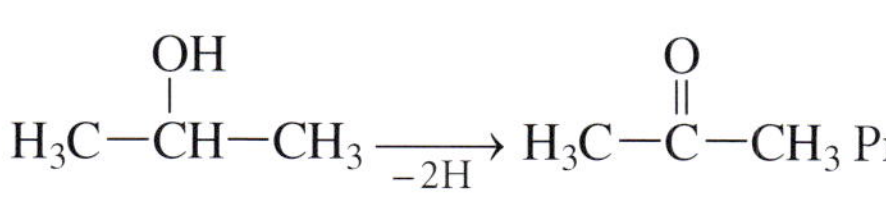 Propanon (= Aceton)

8.2: 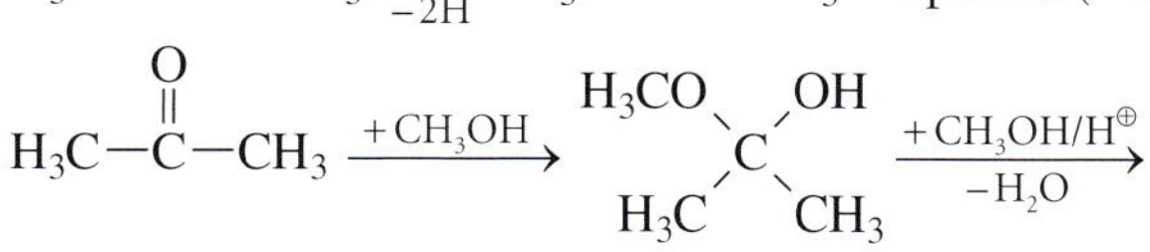

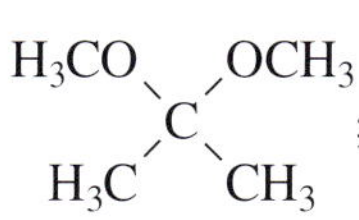 ; Halbacetal, Acetal

8.3: 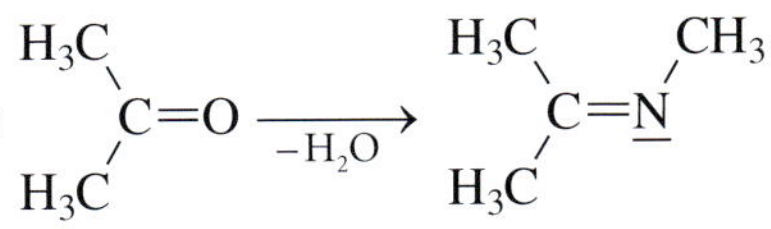 Acetonmethylimin

8.4: 2 $H_3C-CHO \rightarrow H_3C-CH(OH)-CH_2-CHO \xrightarrow{-H_2O}$

$H_3C-CH=CH-CHO$ Crotonaldehyd (= 2-Butenal)

(9) 9.1: Formaldehyd/Formalin, H-CHO; 9.2: Acetaldehyd, H_3C-CHO;
9.3: Propionaldehyd, H_3C-CH_2-CHO; 9.4: Aceton, $H_3C-C(=O)-CH_3$
(10) 10.2, 10.3 und 10.5
(11) B
(12) B
(13) D
(14) D
(15) B
(16) A

15 Chinone

(1) 1.1: zwei; 1.2: zwei; 1.3: *ortho*; 1.4: *para*; 1.5: K; 1.6: Ubichinon; 1.7: Elektronen; 1.8: reversibel; 1.9: Nernst; 1.10: pH-Wert.
(2) 2.1: D
Rechenweg: Aus 1 mol Hydrochinon kann maximal 1 mol Benzochinon entstehen. Molmasse (M_m) von Hydrochinon: 110 g/mol, 55,0 g entsprechen $n = m/M = 55/110 = 0{,}5$ mol. 32,4 g 1,4-Benzochinon (M_m = 108 g/mol entsprechen $n = 32{,}4/108 = 0{,}3$ mol). Ausbeute: 0,5 mol = 100%; 0,3 mol = 0,3/0,5 • 100 = **60%**.
2.2: C
Rechenweg:
$$E = E^0 + \frac{0{,}06}{2} \log \frac{[Hydrochinon]}{[Chinon]} - 0{,}06\,pH;\ E = E^0 - 0{,}06\,pH;\ E = 0{,}70 - 0{,}30 = \mathbf{0{,}4\,V}$$

(3)
3.1: 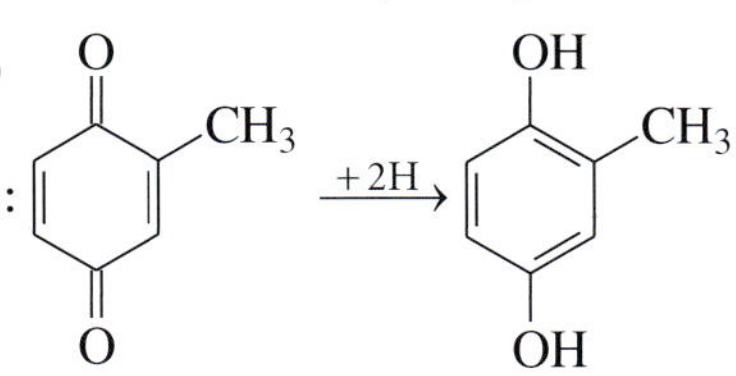
1,4-Dihydroxy-2-methyl-benzol (= 2-Methylhydrochinon)

3.2: 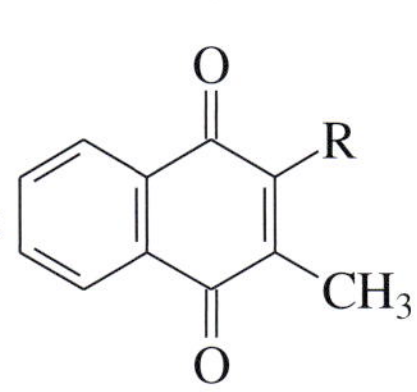 + 2 H, es entsteht Vitamin K.

(4) B
(5) B
(6) C
(7) D
(8) E

16 Carbonsäuren und Carbonsäurederivate

(1) 1.1: Fettsäuren; 1.2: Carboxyl; 1.3: H; 1.4: Proton; 1.5: Carboxylat; 1.6: Aldehyden; 1.7: Wasser; 1.8: H; 1.9: homologen; 1.10: Alkansäuren; 1.11: Ameisensäure; 1.12: Essigsäure; 1.13: Propansäure; 1.14: Butansäure; 1.15: Buttersäure; 1.16: Fettsäuren; 1.17: Palmitinsäure; 1.18: Stearinsäure; 1.19: Wasser; 1.20: Benzin, Cyclohexan oder Chloroform; 1.21: fest; 1.22: ungesättigte; 1.23: flüssig; 1.24: Speiseölen, Lipidmembranen; 1.25: Benzoesäure; 1.26: $C_7H_6O_2$; 1.27: Konservierungsmittel; 1.28: Benzaldehyd; 1.29: Benzyl; 1.30: C_7H_8O.

(2) 2.1: Methansäure; 2.2: H-COOH; 2.3: CH_2O_2; 2.4: Natriumformiat; 2.5: H-COO$^{\ominus}$; 2.6: Ethansäure; 2.7: H_3C-COOH; 2.8: $C_2H_4O_2$; 2.9: Natriumacetat; 2.10: H_3C-COO$^{\ominus}$; 2.11: Butandisäure; 2.12: HOOC-CH_2-CH_2-COOH; 2.13: $C_4H_6O_4$; 2.14: Natriumsuccinat; 2.15: $^{\ominus}$OOC-CH_2-CH_2-COO$^{\ominus}$; 2.16: Octadecansäure; 2.17: H_3C-$(CH_2)_{16}$-COOH; 2.18: $C_{18}H_{36}O_2$; 2.19: Fettsäure, wasserunlöslich/hydrophob; 2.20: Natriumstearat; 2.21: H_3C-$(CH_2)_{16}$-COO$^{\ominus}$.

(3) 3.1: Citrat; 3.2: zwei, drei;
3.3: HOOC-COOH, Ethandisäure (= Oxalsäure); HOOC-CH_2-COOH, Propandisäure (= Malonsäure); HOOC-CH_2-CH_2-COOH, Butandisäure (= Bernsteinsäure); HOOC-CH_2-CH_2-CH_2-COOH, Pentandisäure (= Glutarsäure)

3.4: 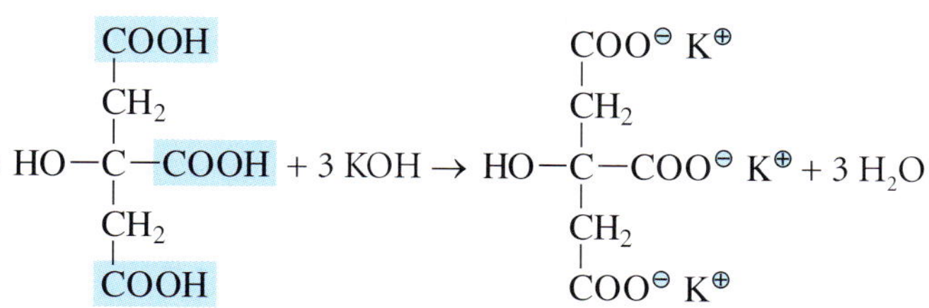

3.5: 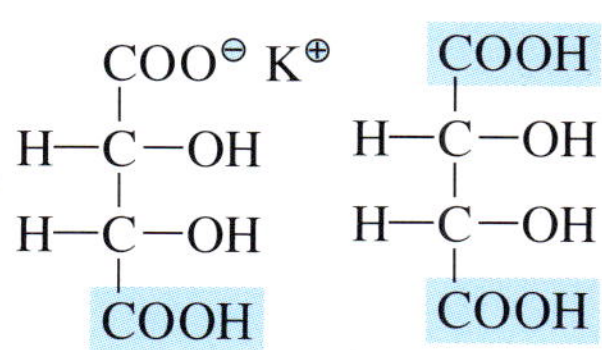 2,3-Dihydroxybutandisäure

3.6: 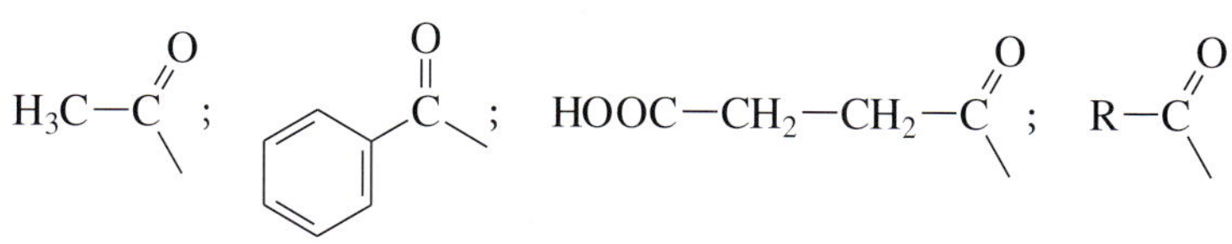

(4) 4.1: γ-Aminobuttersäure; 4.2: HOOC-CO-CH_2-COOH; 4.3: α-Ketogruppe, zwei Carboxylgruppen; 4.4: Oxalacetat/Intermediat im Citratzyklus; 4.5: Fumarsäure; 4.6: olefinische Doppelbindung, zwei Carboxylgruppen; 4.7: α-Hydroxybuttersäure (= Äpfelsäure); 4.8: α-Hydroxygruppe, zwei Carboxylgruppen; 4.9: Malat/Intermediat im Citratzyklus; 4.10: Malonsäure; 4.11: zwei Carboxylgruppen; 4.12: Malonat/als Malonyl-CoA Intermediat der Fettsäurebiosynthese; 4.13: *cis*-9-Octadecensäure, H_3C-$(CH_2)_7$-CH=CH-$(CH_2)_7$-COOH; 4.14: olefinische Doppelbindung (*cis*- bzw. *Z*-konfiguriert), Carboxylgruppe; 4.15: Oleat/Baustein von Membranlipiden; 4.16: *cis,cis*-9,12-Octadecadiensäure, H_3C-$(CH_2)_4$-CH=CH-CH_2-CH=CH-$(CH)_7$-COOH; 4.17: zwei nicht konjugierte, *cis*- (bzw. *Z*-) konfigurierte olefinische Doppelbindungen, Carboxylgruppe; 4.18: Linolat/essenzielle Fettsäure, Baustein von Membranlipiden

(5) 5.1: -ziehende; 5.2: Basen; 5.3: Salze; 5.4: Wasser;

5.5: Cl-CH_2-COO$^{\ominus}$, Chloracetat; 5.6: 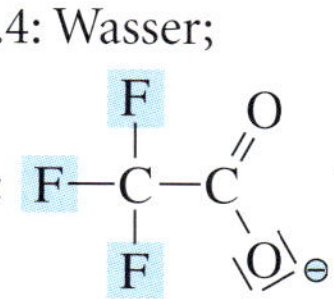 Trifluoracetat

5.7: HOOC-COO$^{\ominus}$, Hydrogenoxalat;

5.8: CH_3-CH(OH)-$COO^{\ominus}$, Lactat;
5.9: $H_3^{\oplus}N$-CH_2-$COO^{\ominus}$, Glycin-Zwitterion.
(6) 6.1: $COO^{\ominus}K^{\oplus}$; 6.2: Niederschlag löst sich auf; 6.3: Kaliumbenzoat ist wasserlöslich, weil die geladene und damit polare Carboxylatgruppe die Eigenschaften mehr bestimmt als der hydrophobe Phenylrest,

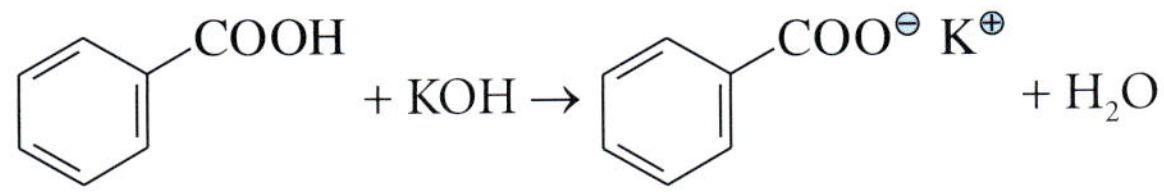

6.4: COOH + KCl;
6.5: es bildet sich wieder ein weißer Niederschlag;
6.6: Benzoesäure ist wasserunlöslich (hydrophob), C_6H_5-$COO^{\ominus}$ $K^{\oplus}$ + HCl → C_6H_5-COOH + KCl;
6.7: die Verbindung löst sich nicht;
6.8: Triacylglycerine (Neutralfette) sind wegen der langen Kohlenwasserstoffketten hydrophob;
6.9: 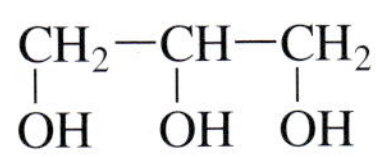 und $C_{17}H_{35}$-$COO^{\ominus}$ $K^{\oplus}$;

6.10: die Lösung wird klar;
6.11: Die Esterbindungen werden alkalisch verseift, die Salze der Fettsäuren bilden in wässriger Lösung Mizellen (scheinbare Löslichkeit), Glycerin ist wasserlöslich;
6.12: die Verbindung löst sich;
6.13: Triacylglycerine sind lipophil.
(7) 7.1: chloride; 7.2: -anhydride; 7.3: Carbonsäureester; 7.4: Carbonsäureester; 7.5: Triacylglycerine; 7.6: Aspirin; 7.7: Carbonsäureamide; 7.8: Carbonyl-; 7.9: Nucleophilen; 7.10: freien; 7.11: chloride; 7.12: Wasser; 7.13: Alkoholen; 7.14: Ammoniak/Aminen; 7.15: Carbonsäure; 7.16: Alkohol; 7.17: rever; 7.18: Veresterung, Esterbildung; 7.19: Esterhydrolyse; 7.20: Esterspaltung, Verseifung; 7.21: Gleichgewicht; 7.22: schnell; 7.23: Katalysator; 7.24: Aktivierungsenergie; 7.25: beschleunigt; 7.26: irrever; 7.27: Alkohole; 7.28: Carbonsäuren; 7.29: Fettsäuren; 7.30: Kaliumsalze; 7.31: Glycerin; 7.32: Oxidation; 7.33: Lactone; 7.34: Lactame; 7.35: Antibiotika.

(8)
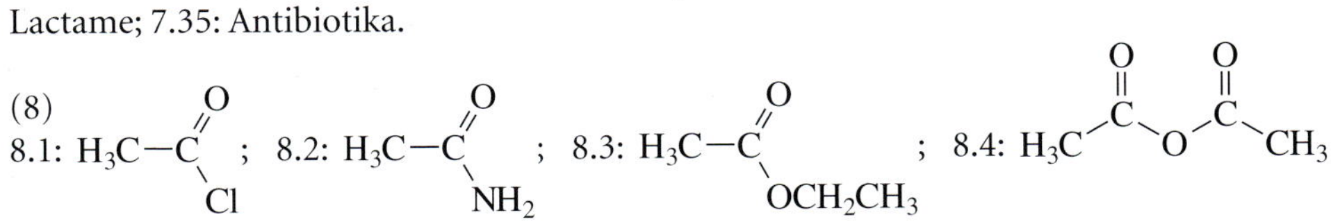

(9)
a) H_3C—COCl + H_3C—CH_2OH → 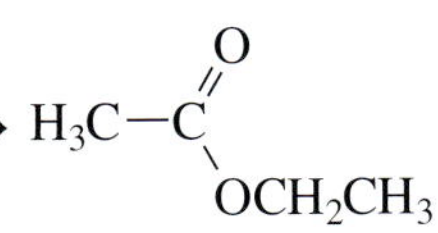 + HCl

Ethylacetat

b) H_3C—COCl + H_2O → H_3C—COOH + HCl
Essigsäure

Rechenwege:
9.1: a) Aus Acetylchlorid (M_m = 78,5 g/mol ≡ 78,5 mg/mmol) entsteht Ethylacetat (M_m = 88 g/mol ≡ 88 mg/mmol). Wie viel mmol Acteylchlorid liegen vor? (m = Masse in g oder mg, M_m = Molmasse in g/mol oder mg/mmol, n = Stoffmenge in mol oder mmol).

$$\frac{m}{M_m} = n; n = \frac{157}{78{,}5} = 2 \text{ mmol Acetylchlorid,}$$

daraus entstehen 2 mmol Ethylacetat bei 100% Umsatz.
$n \cdot M_m = m$; $m = 2 \cdot 88 =$ **176 mg Ethylacetat**
b) Aus 157 mg (= 2 mmol) Acetylchlorid entstehen 2 mmol Essigsäure (M_m = 60 g/mol ≡ 60 mg/mmol).
$n \cdot M_m = m$; $m = 2 \cdot 60 =$ **120 mg Essigsäure**
9.2: Es entstehen nur 75%, d.h. nur 1,5 mmol Ethylacetat (75% von 176 mg sind **132 mg Ethylacetat**). Entsprechend sind 1,5 mmol Essigsäure dann **90 mg.**

9.3: 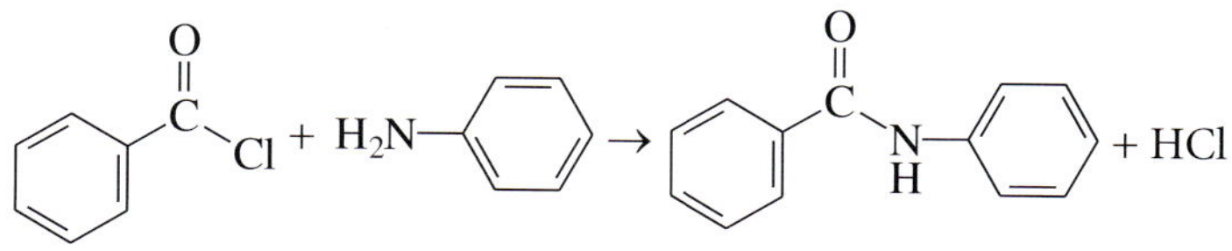

$M_m = 93$ g/mol $\quad M_m = 197$ g/mol

Anilin: $\frac{m}{M_m} = n$; $n = \frac{325\ mg}{93\ mg/mmol} = 3{,}5$ mmol.

Wie viel mg sind 3,5 mmol Benzoesäureanilid? $n \cdot M_m = m$; $m = 3{,}5 \cdot 197 = 689{,}5$ mg (= 100%)

$80\% = \frac{689{,}5}{100} \cdot 80 =$ **551,6 mg** Benzoesäureanilid werden erhalten.

9.4: Dinatriummalonat $Na^{\oplus\ominus}OOC\text{-}CH_2\text{-}COO^{\ominus}\ Na^{\oplus}$ (M_m = 148 g/mol ≡ 148 mg/mmol)
Eine 5 *Mm* Lösung enthält 5 mmol/L, das sind 5 • 148 mg = 740 mg/L. Da nur 10 mL Enzymlösung vorliegen, müssen 740 : 100 = **7,4 mg** Dinatriummalonat eingewogen werden.

9.5: 1 mL enthält 20 mg Dinatriummalonat: $\frac{1\ mL}{20\ mg} = \frac{x\ mL}{7{,}4\ mg}$; $x = \frac{7{,}4}{20} =$ **0,37 mL** der Lösung.

(10) D
Rechenweg: HOOC-COOH + 2 NaOH → NaOOC-COONa + H_2O
M_m(Oxalsäure) = 90 g/mol
45 g Oxalsäure sind 0,5 mol. Für die Neutralisation wird aber 1 mol NaOH benötigt, da die Oxalsäure zweiprotonig ist. 1 mol NaOH sind 40 g NaOH. Also können nur 2, 3 und 5 richtig sein.

(11)
11.1: 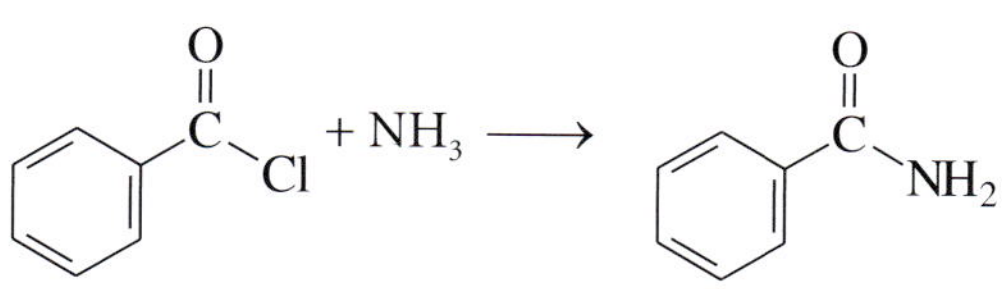

Benzoesäureamid (= Benzamid)

11.2: $CH_3COOH + NH_3 \rightarrow CH_3COO^{\ominus}\ NH_4^{\oplus}$
Ammoniumacetat, d.h. es entsteht das Ammoniumsalz der Essigsäure und nicht das Essigsäureamid.
11.3: $CH_3\text{-}CH_2\text{-}CH_2\text{-}COOH + CH_3OH \rightarrow CH_3\text{-}CH_2\text{-}CH_2\text{-}COOCH_3 + H_2O$
Buttersäure (riecht widerwärtig) → Buttersäuremethylester (riecht nach Ananas)

11.4: 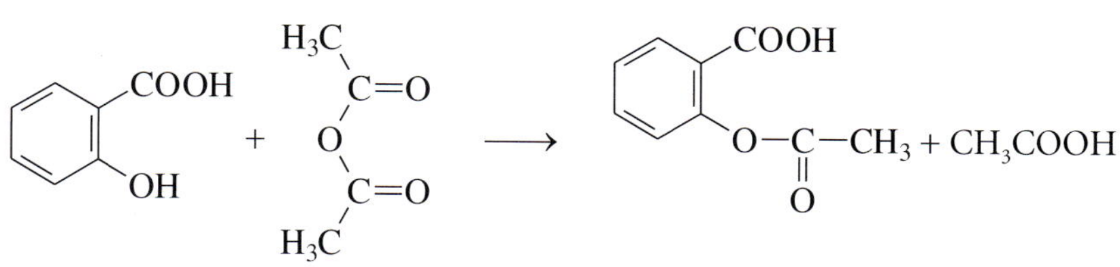

Aspirin (= Acetylsalicylsäure) Essigsäure

11.5: 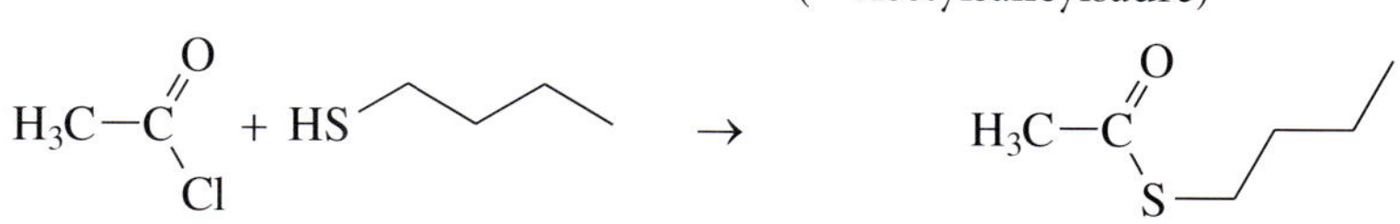

Essigsäurebutylthioester

(12) 1 Benzoat, 2 Reduktion, 3 Harnstoff, 4 Carboxylat, 5 Anion, 6 reversibel, 7 Benzamid, 8 nucleophil, 9 Pyruvat, 10 Formiat, 11 Mizellen, 12 Aspirin, 13 Oelsaeure, 14 Succinat, 15 Lacton, 16 Anhydrid, 17 Milchsaeure, 18 Mesomerie, 19 Thioester, 20 Citrat, 21 Seifen, 22 resistent. **Lösungswort:** Butansäurepentylester

(13) 

Die Carboxylatgruppen der Fettsäureanionen sind durch die negative Ladung und die Mesomeriestabilisierung nicht mehr elektrophil, d.h., ein Angriff durch die OH-Gruppen (nucleophile) des Glycerins ist nicht möglich.

(14) C

(15) A

(16) B

(17) D

(18) E

(19) 19.1: Antibiotikum; 19.2: bakterieller; 19.3: Lactam; 19.4: Amid; 19.5: Carboxyl; 19.6: positiver; 19.7: Zellwand; 19.8: giftig (toxisch); 19.9: allergisch; 19.10: Lactamasen; 19.11: resistent; 19.12: Resistenz; 19.13: größeren; 19.14: häufige; 19.15: falsche, ungezielte.

17 Derivate anorganischer Säuren

(1) 1.1: Kohlensäure; 1.2: H_3PO_4; 1.3: Schwefelsäure; 1.4: drei; 1.5: drei; 1.6: Protonen; 1.7: Dihydrogenphosphat; 1.8: Hydrogenphosphat; 1.9: Phosphat; 1.10: kleiner; 1.11: kleiner; 1.12: erste; 1.13: Proton; 1.14: zweite; 1.15: Kohlensäure; 1.16: Harnstoff; 1.17: ester; 1.18: Anhydride.

(2)

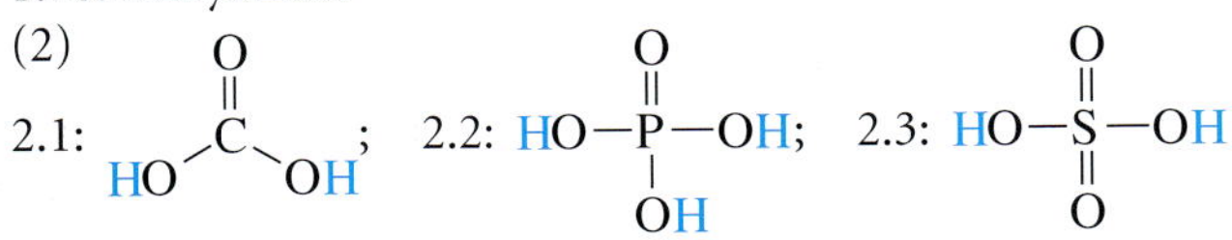

2.4: Schwefelsäure, weil das Schwefelatom zweimal an einer S=O-Doppelbindung beteiligt ist, die einen starken –I-Effekt auf die OH-Gruppen hat.

(3)

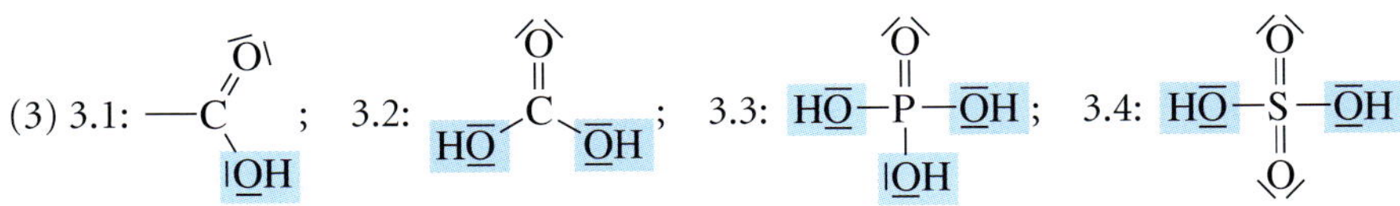

(4)

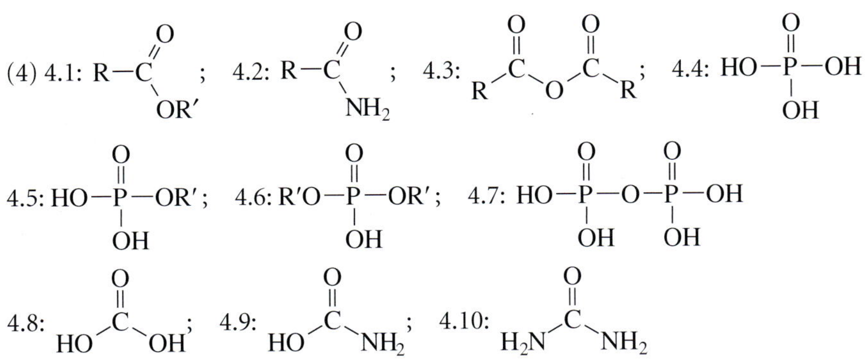

4.11: Die Anhydride 4.3 und 4.7, sie werden von Nucleophilen (z.B. Ammoniak oder Wasser) leicht angegriffen, weil der abzuspaltende Rest (Acetat bzw. Dihydrogenphosphat) eine gute Abgangsgruppe ist.

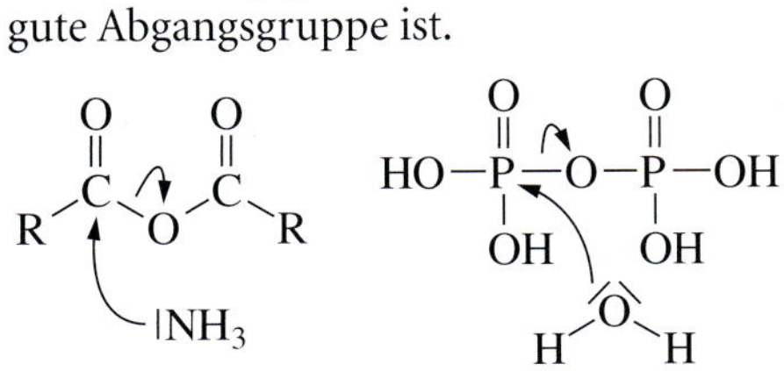

(5) B
(6) 6.1: Gemischtes Anhydrid (oben), Ester (unten); 6.2: zweimal Anhydrid, einmal Ester (an der Ribose); 6.3: Gemischtes Anhydrid; 6.4: zweimal Ester; 6.5: viermal Ester; 6.6: Gemischtes Anhydrid (zum Sulfat), zweimal Ester; 6.7: Alle Anhydride, d.h. die Verbindungen 6.1, 6.2, 6.3 und 6.6.
(7) 7.1: Schwefelsäure; 7.2: acide; 7.3: wasserlöslich/hydrophil; 7.4: Sulfonsäure; 7.5: Derivate;

7.6: 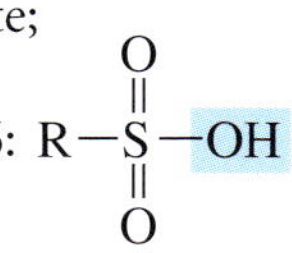 ; 7.7: 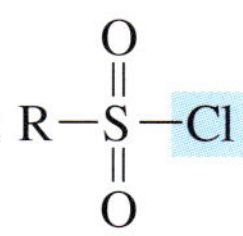 ; 7.8: 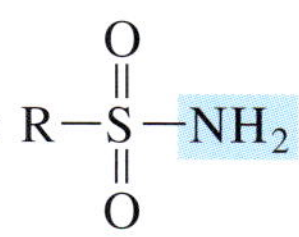

(8)
8.1: 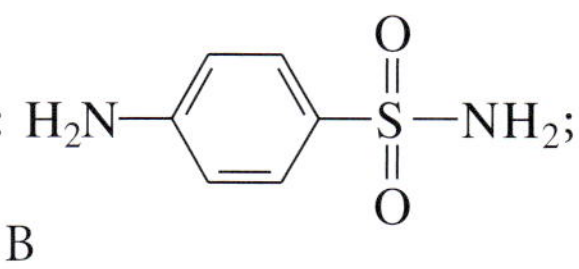 ; 8.2: 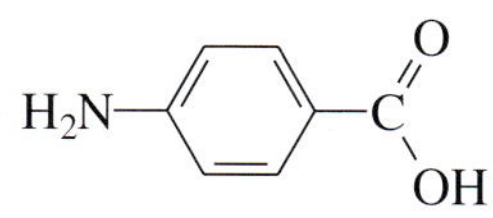

(9) B
(10) B
(11) A

18 Stereochemie

(1) 1.1: Spiegelbild; 1.2: nicht; 1.3: symmetrie; 1.4: Aufbau; 1.5: Hände; 1.6: Moleküle; 1.7: Chiralität; 1.8: Milchsäure; 1.9: sp^3; 1.10: tetraedrisches; 1.11: verschiedene; 1.12: zwei; 1.13: Isomeren; 1.14: Enantiomere; 1.15: chiral; 1.16: Chiralitätszentrum/asymmetrisches C-Atom; 1.17: chiral; 1.18: Bausteinen; 1.19: chiralen/molekularen; 1.20: Spiegelbild; 1.21: nicht; 1.22: Schloss-.
(2) C
(3) 3.1: C; 3.2: C
(4) 4.1: D bzw. *R*

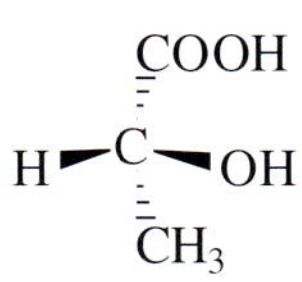

4.2: D bzw. *R*

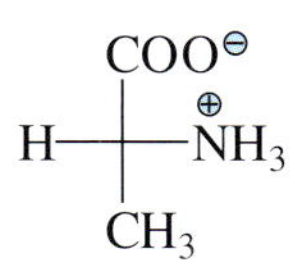

4.3: L bzw. *S*

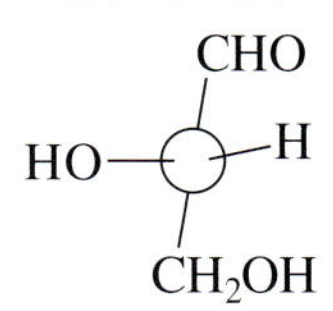

4.4: Das Spiegelbild ist mit dem Bild identisch, weil die Aminosäure Glycin kein Chiralitätszentrum enthält.
(5) 5.1: Schreibweise, 5.2: Konfiguration; 5.3: drei-; 5.4: tetraedrischen; 5.5: Regeln; 5.6: längste; 5.7: senkrecht; 5.8: höchsten; 5.9: oben; 5.10: waagerecht; 5.11: D/L; 5.12: Zucker; 5.13: rechts; 5.14: L; 5.15: links.
(6) **Richtig**: 6.1, 6.2, 6.3, 6.5, 6.8, 6.11, 6.12; **falsch**: 6.4, 6.6, 6.7, 6.9, 6.10.
(7) 7.1: Ein 1 : 1-Enantiomerengemisch (= Racemat) wird durch geeignete Methoden in die einzelnen Enantiomeren getrennt.
7.2: Die Lösung einer chiralen Verbindung dreht die Ebene des linear polarisierten Lichts einer bestimmten Wellenlänge. Die Verbindung liefert einen Drehwert, den man normiert als spezifische Drehung bezeichnet. Die Verbindung ist damit optisch aktiv.
7.3: Weinsäure hat zwei Chiralitätszentren, es sollte daher formal 2^2 (= 4) Stereoisomere (**A** bis **D**) von ihr geben.

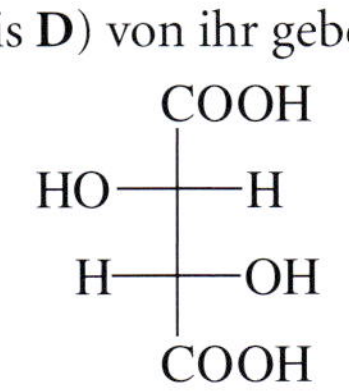
A

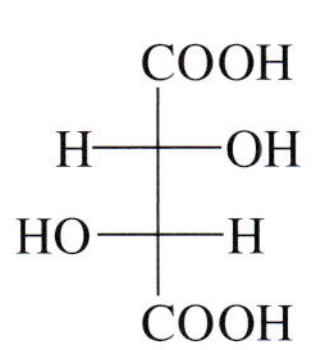
B

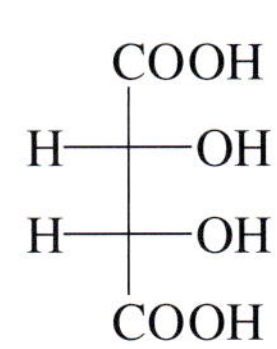
C

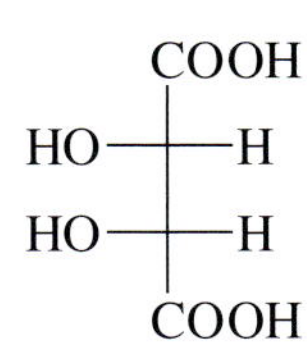
D

Von diesen sind **A** und **B** Enantiomere, während **C** und **D** identisch sind. Denn **C** und **D** haben im Molekül eine Spiegelebene, d. h. **C** und **D** lassen sich durch Drehung um 180° zur Deckung bringen. Sie sind somit definitionsgemäß nicht chiral und auch nicht optisch aktiv. Solche Stereoisomeren bezeichnet man als *meso*-Form. Es gibt von der Weinsäure daher nur **drei** Stereoisomere, eine D/L-Form (entsprechend **A** und **B**) und eine *meso*-Form.
(8) A
(9) 1: chiral; 2: enantiomer; 3: Fischer; 4: Diastereomere; 5: Isomere; 6: Konformation; 7: Prioritaet. **Lösungswort**: Racemat.
(10) 10.1: Isomere; 10.2: Stereoisomere; 10.3: Konstitutionsisomere; 10.4: Konformere; 10.5: Konfigurationsisomere; 10.6: Die Kästen für Enantiomere und Diastereomere sind mit 10.5 verbunden.
(11) 11.1: A, B, C, D und E; 11.2: B, C, D und E; 11.3: nur E.
(12) A
(13) D

19 Aminosäuren und Peptide

(1) 1.1: COOH, 1.2: Carboxyl; 1.3: L; 1.4: Glycin; 1.5: kein; 1.6: NH_2; 1.7: COOH; 1.8: Ampholyte; 1.9: Zwitter; 1.10: 20 (und zwei seltene); 1.11: isoelektrischen; 1.12: pK_s; 1.13: isoelektrische; 1.14: pH-Wert; 1.15: neutral/ungeladen; 1.16: Wanderung; 1.17: sauren; 1.18: sauren; 1.19: Glutaminsäure; 1.20: Basische; 1.21: Lysin/Arginin; 1.22: neutrale; 1.23: Glycin/Alanin; 1.24: charakteristischen.
(2) 2.1: Proteinogene Aminosäuren, die nicht vom menschlichen Organismus hergestellt werden können und mit der Nahrung aufgenommen werden müssen; 2.2: Die mit der Nahrung aufgenommenen Proteine (Eiweiße) müssen in der Aminosäurezusammensetzung ausgewogen sein, z. B. enthalten die Proteine des Weizens zu wenig Lysin; 2.3: Lysin, Phenylalanin, Tryptophan, u. a.

(3)

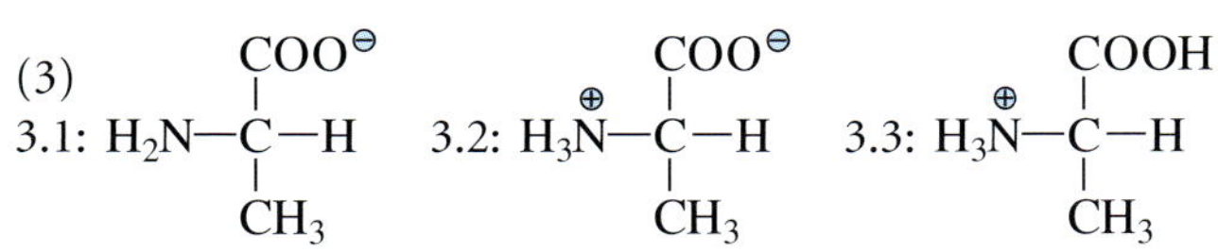

3.4: zur Anode, (+)-Pol; 3.5: wandert nicht; 3.6: zur Kathode, (–)-Pol

(4)

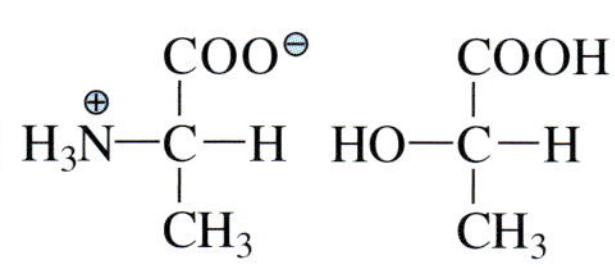

Positiv und negativ geladene Gruppen des Zwitterions zeigen starke elektrostatische Wechselwirkungen zu Nachbarmolekülen. Diese sind stärker als die Wasserstoffbrückenbindungen der Milchsäuremoleküle untereinander, was zum hohen Schmelzpunkt der Aminosäure führt. Die Molmassen sind mit M_m = 89 (Alanin) bzw. 90 g/mol (Milchsäure) nahezu gleich.
(5) 5.1: Ala; 5.2: Phe; 5.3: Lys; 5.4: Cys; 5.5: Glu;

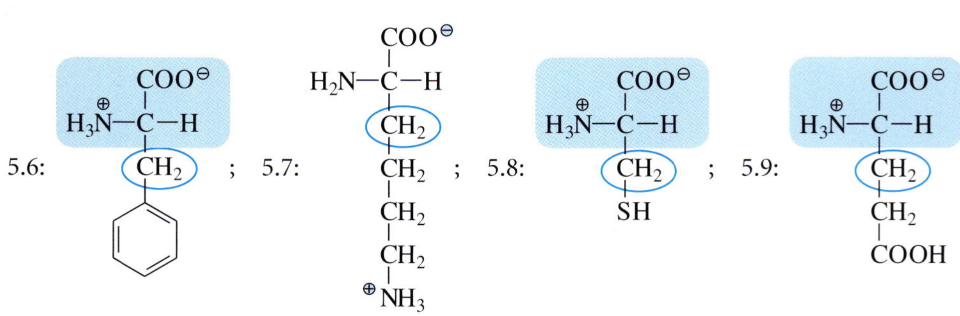

5.10: Alle positiv, denn alle Aminosäuren sind vollständig protoniert. Lysin ist sogar zweifach positiv geladen, weil beide Aminogruppen als $-NH_3^{\oplus}$ vorliegen. Die Carboxlgruppe ($-COO^{\ominus}$) liegt in allen Beispielen protoniert, d.h. als Carboxylgruppe (–COOH) vor; 5.11: Ala, Phe und Cys negativ, Glu zweifach negativ, Lysin neutral ($pH_I = 9{,}7$)

5.12: keine; 5.13: keine; 5.14: zur Kathode, (–)-Pol; 5.15: keine; 5.16: zur Anode, (+)-Pol; 5.17: neutral; 5.18: neutral; 5.19: basisch; 5.20: neutral; 5.21: sauer

(6)

6.1:

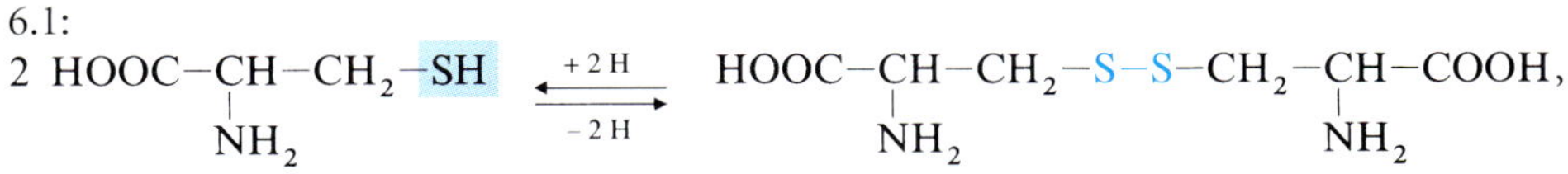

6.2:

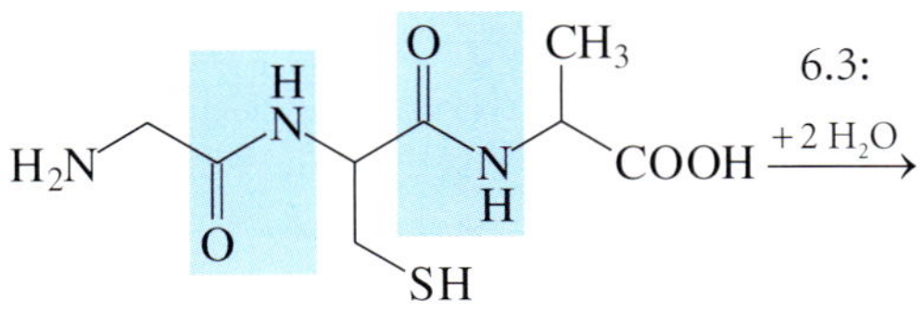

6.3:

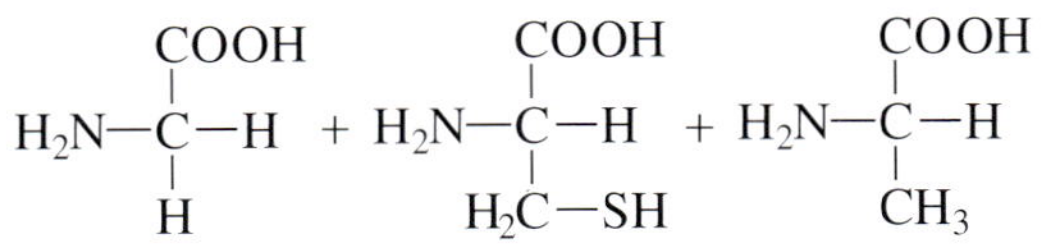

(7) 7.1: $H_3C\text{-}CH(NH_2)\text{-}COOH + NaOH \rightarrow H_3C\text{-}CH(NH_2)\text{-}COO^{\ominus}Na^{\oplus} + H_2O$.
In 50 mL einer 0,1 M Lösung sind 0,005 mol Alanin (M_m = 89 g/mol) enthalten. 200 mg NaOH (M_m = 40 g/mol) entsprechen $n = m : M$ = 0,2 g: (40 g/mol) = 0,005 mol. Es erfolgt also eine vollständige Neutralisation. Es entstehen 0,005 mol Natriumalanat (M_m = *111 g/mol);*
$m = n \cdot M_m$ = 0,005 mol • 111 g/mol = **0,555 g.**

7.2: 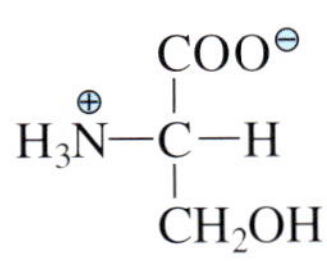 $pH_I = \frac{2{,}2 + 9{,}2}{2} = 5{,}7$ (Mittelwert der pK_s-Werte)

(8)

8.1: 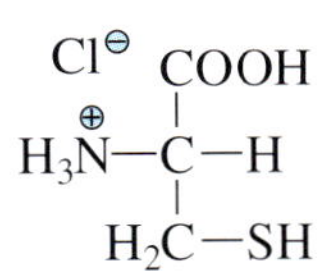

Cysteinhydrochlorid

8.2: 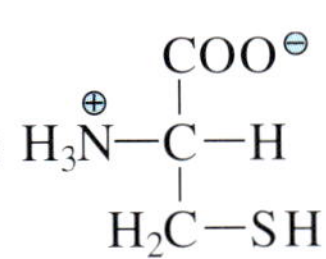

8.3: 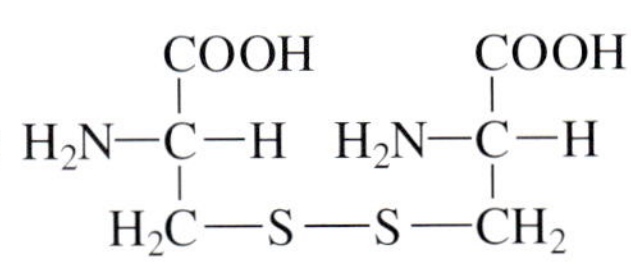

Cystin

8.4: 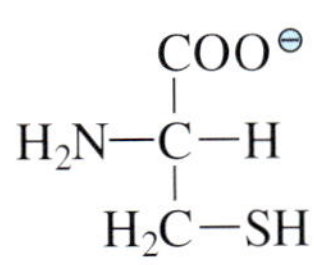

Cystein-Natriumsalz

8.5: 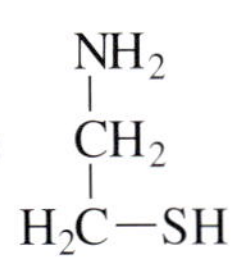

Cysteamin

8.6: H • Cys • Ala • OH
8.7: H • Ala •Cys • OH

(9)

9.1: Aminoende 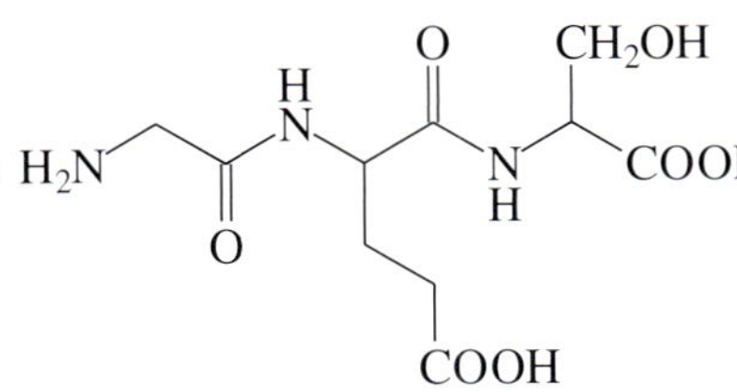 Carboxylende

9.2: 3! = 1 • 2 • 3 = 6; 9.3: 10! = 10 • 9 • 8 • 7 • 6 • 5 • 4 • 3 • 2 • 1 = 3 628 800 verschiedene Decapeptide.

(10) 10.1: Säureamid; 10.2: Wasser; 10.3: Oligopeptide; 10.4: Polypeptide; 10.5: Proteine, Eiweiße; 10.6: H • (H_2N); 10.7: rechts; 10.8: • OH (COOH); 10.9: H • Ala • Gly • OH; 10.10: Primär; 10.11: Sekundär; 10.12: α-Helix; 10.13: β-Faltblatt; 10.14: Tertiär; 10.15: Disulfidbrücken; 10.16: Untereinheiten/Ketten; 10.17: Quartär.
(11) 11.1: Wasserstoffbrückenbindung; 11.2: elektrostatische Anziehung (Ionenbindung); 11.3: Disulfidbrücken (kovalente Bindung); 11.4: Chelatkomplexe mit Metallionen (koordinative Bindung); 11.5: hydrophobe Wechselwirkung (van der Waals-Kräfte); 11.6: hydratisierte polare Gruppen (Hydrathülle).
(12) **Richtig**: 12.2, 12.4 (als Heteroatome bezeichnet man die Atome von Elementen, die nicht Kohlenstoff oder Wasserstoff sind), 12.5, 12.6, 12.7, 12.8, 12.9, 12.10, 12.13; **falsch**: 12.1, 12.3, 12.11 (sie gehören zur Sekundärstruktur), 12.12.
(13) 50%. Bei der Reaktion werden m = 60,5 g Cystein ($M_{m(Cystein)}$ = 121 g/mol) also $n = m : M_m$ = 0,5 mol eingesetzt. Da sich zwei Moleküle Cystein zu einem Molekül Cystin umsetzen, können aus 0,5 mol Cystein maximal 0,25 mol Cystin (100%) entstehen. 30 g Cystin ($M_{m(Cystin)}$ = 240 g/mol) entsprechen $n = m : M$ = 0,125 mol. Die Ausbeute beträgt demnach 50%.
(14) **Richtig:** 14.2, 14.3, 14.6; **falsch:** 14.1, 14.4, 14.5, 14.7.
(15) C
(16) D
(17) E
(18) C
(19) C
(20) E
(21) C

20 Kohlenhydrate

(1) 1.1: Photosynthese; 1.2: Kohlendioxid; 1.3: Wasser; 1.4: Sauerstoff; 1.5: Sonnenlicht; 1.6: Chlorophyll; 1.7: Cellulose; 1.8: strukturgebend; 1.9: Energiequelle; 1.10: Glykogen; 1.11: Erkennung; 1.12: Immun: 1.13: Blutgruppen; 1.14: Monosaccharide; 1.15: $C_n(H_2O)_n$; 1.16: Zahl; 1.17: Pentosen; 1.18: Hexosen; 1.19: Aldehyd; 1.20: Keto; 1.21: Aldosen; 1.22: Ketosen; 1.23: Aldose; 1.24: Dihydroxyaceton; 1.25: Glucose; 1.26: süße; 1.27: Zucker; 1.28: saccharid; 1.29: Saccharose; 1.30: Glucose; 1.31: Fructose.
(2) **A:** 2.2, 2.3, 2.6, 2.7, 2.9, 2.12, 2.13, 2.14, 2.17, 2.19; **B:** 2.2, 2.3, 2.5, 2.7, 2.9, 2.11, 2.13, 2.14, 2.16, 2.18; **C:** 2.1, 2.4, 2.6, 2.7, 2.10, 2.12, 2.13, 2.14, 2.15, 2.20.
(3) **Richtig**: 3.1, 3.2, 3.3, 3.6, 3.7, 3.10, 3.12, 3.13, 3.14, 3.15; **falsch**: 3.4, 3.5, 3.8, 3.9, 3.11, 3.16, 3.17.
(4) 4.1: A, B, E; 4.2: C, D; 4.3: D; 4.4: A; 4.5: A, B; 4.6: A; 4.7: D; 4.8: E; 4.9: A, B, C, E.
(5)

5.1: ; 5.2:

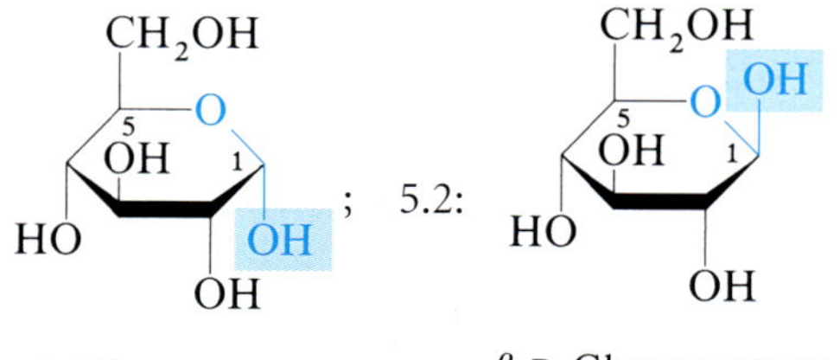

α-D-Glucopyranose β-D-Glucopyranose

5.3: 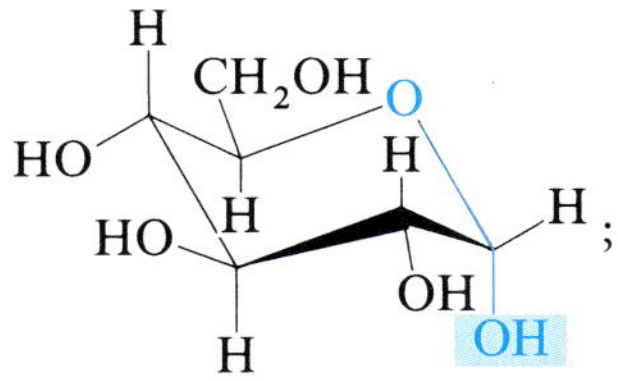 ; 5.4: 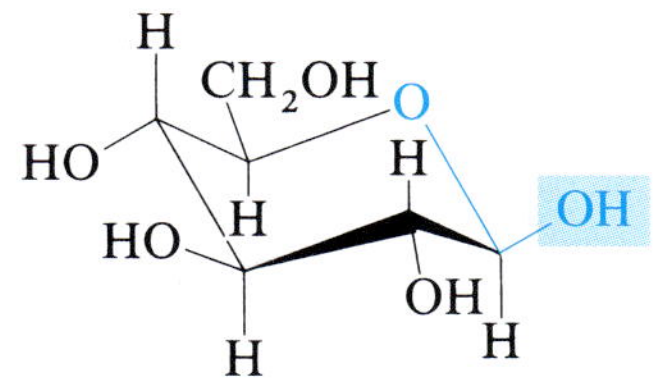

α-D-Glucopyranose β-D-Glucopyranose

(6) 6.1: Bezeichnung für stereoisomere Monosaccharide, die sich in der cyclischen Halbacetalform in der Konfiguration am ehemaligen Carbonyl-C-Atom, dem anomeren Zentrum, unterscheiden (α, β);
6.2: Monosaccharide mit zwei und mehr Chiralitätszentren, die an einem der Chiralitätszentren entgegengesetzte Konfiguration aufweisen;
6.3: Monosaccharide, die als cyclisches Halbacetal vorliegen und dabei einen sechsgliedrigen Ring mit einem Sauerstoffatom ausbilden;
6.4: Monosaccharide, die als cyclisches Halbacetal vorliegen und dabei einen fünfgliedrigen Ring mit einem Sauerstoffatom ausbilden.
(7)

7.1: 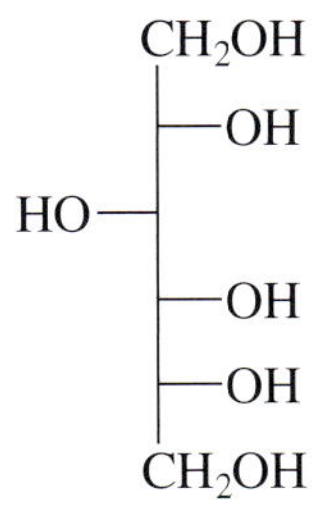

7.2: 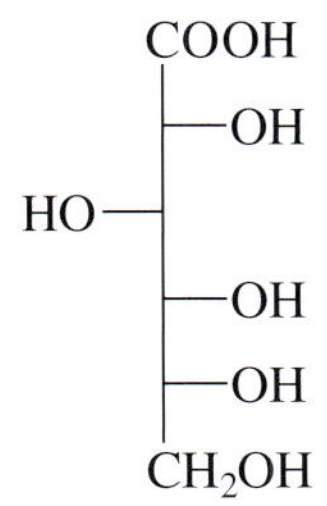
D-Gluconsäure

7.3: 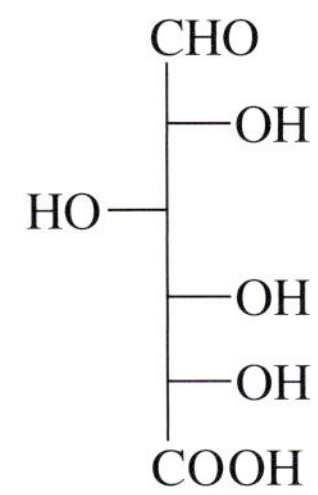
D-Glucuronsäure

7.4: 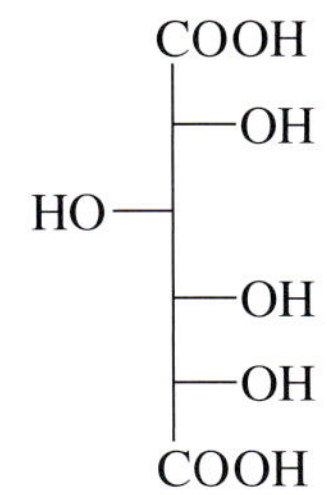

(8)

8.1: 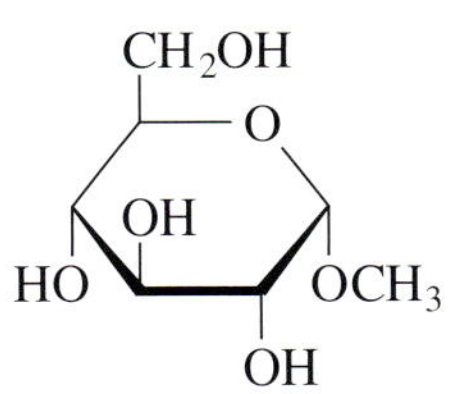
Methyl-α-D-glucopyranosid

8.2: 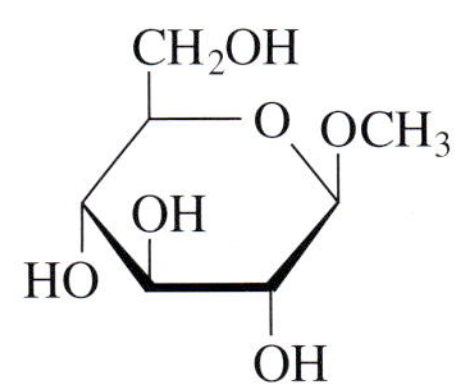
Methyl-β-D-glucopyranosid

(9) B
(10) A
(11) E
(12) 12.1: Monosacchariden; 12.2: Kondensation; 12.3: Disaccharide; 12.4: anomere; 12.5: sekundären; 12.6: Disaccharid; 12.7: glykosidische; 12.8: Acetal; 12.9: Disaccharid; 12.10: reduzierende; 12.11: Maltose; 12.12: D-Glucose; 12.13: Konfiguration; 12.14: glykosidischen; 12.15: α; 12.16: β-glykosidisch; 12.17: D-Galactose; 12.18: glykosidisch; 12.19: Disaccharid; 12.20: reduziert; 12.21: Saccharose; 12.22: anomeren; 12.23: reduzierend; 12.24: α; 12.25: β.
(13) D
(14) Stärke: 14.1, 14.2, 14.3, 14.4, 14.5, 14.6, 14.7, 14.9, 14.11, 14.12, 14.13, 14.15, 14.17, 14.18, 14.20; Cellulose: 14.1, 14.2, 14.3, 14.4, 14.6, 14.8, 14.10, 14.14, 14.16, 14.19.
(15) B
(16) 1: Vitamine; 2: Ribose; 3: Fructose; 4: Furanose; 5: Sucrose; 6: Cellobiose; 7: Heparin; 8: Mannose; 9: Amylose; 10: Galactose; 11: Anomere; 12: Cellulose; 13: Pyranose; 14: Glykogen. **Lösungswort**: Ascorbinsaeure

21 Heterocyclen

(1) 1.1: Sechs; 1.2: C-Atome; 1.3: aliphatisch/gesättigt; 1.4: Benzol; 1.5: Elemente; 1.6: Stickstoff; 1.7: Sauerstoff; 1.8: Heterocyclen; 1.9: aromatische; 1.10: Heteroatome; 1.11: freier; 1.12: Carbocyclen; 1.13: Pyranosen; 1.14: Histidin, Tryptophan oder Prolin; 1.15: Code; 1.16: Hämoglobin; 1.17: Chlorophyll.
(2) 2.1: Pyrrolidin; 2.2: Pyrrol; 2.3: Tetrahydrofuran; 2.4: Furan; 2.5: Thiophen; 2.6: Imidazol: 2.7: Thiazol; 2.8: Pyridin; 2.9: Pyran; 2.10: Pyrimidin; 2.11: Indol; 2.12: Purin.
(3) 3.1: 2.2, 2.4, 2.5, 2.6, 2.7, 2.8, 2.10, 2.11, 2.12;
3.2: 2.3, 2.4, 2.9;
3.3: 2.5, 2.7;
3.4: 2.1, 2.2, 2.6, 2.11, 2.12.
(4) 4.1: sechs; 4.2: delokalisiert; 4.3: energie; 4.4: aromatischen; 4.5: Elektronenpaar; 4.6: Stickstoff; 4.7: sechs; 4.8: fünf; 4.9: elektronenreicher; 4.10: basisch; 4.11: Proton; 4.12: Base.
(5) D
(6) C
(7) D
(8) E
(9) A
(10) B
(11) E

22 Spektroskopie in Chemie und Medizin

(1) 1.1: Wechselwirkungen; 1.2: Strahlung; 1.3: Absorption; 1.4: Emission; 1.5: Spektroskopie; 1.6: Strahlung; 1.7: Wellenlängen; 1.8: elektromagnetischen; 1.9: energiereich; 1.10: zerstören; 1.11: langwellige; 1.12: Lösung; 1.13: kristallin.
(2) **Richtig**: 2.1, 2.3, 2.5, 2.6, 2.9, 2.10, 2.11; **falsch**: 2.2, 2.4, 2.7, 2.8.
(3) **UV**: 3.1, 3.5, 3.6, 3.7, 3.9, 3.11, 3.13, 3.17, 3.18, 3.19; **IR**: 3.3, 3.6, 3.7, 3.12, 3.13, 3.18, 3.19; **NMR**: 3.2, 3.4, 3.7, 3.8, 3.10, 3.13, 3.14, 3.15, 3.16, 3.17, 3.18, 3.19.
(4) 4.1: Nuclear Magnetic Resonance; 4.2: Umgebung; 4.3: Atom; 4.4: Kernspins; 4.5: ^{12}C; 4.6: ^{14}N; 4.7: ^{1}H; 4.8: gering; 4.9: aufwand; 4.10: homogenes; 4.11: Radio; 4.12: magnetischen; 4.13: Resonanz; 4.14: chemische; 4.15: Tetramethylsilan; 4.16: Intensität; 4.17: Aufspaltung; 4.18: Hinweise.
(5) E
(6) B
(7) E

A Reaktionsgleichungen und Rechnen

(2) 2.1: $2\ Na + Cl_2 \rightarrow 2\ NaCl$
Hier findet eine Redoxreaktion statt. Natrium gibt ein Elektron ab und wird zu $Na^{\oplus}$ oxidiert, Chlor nimmt Elektronen auf und wird zu $Cl^{\ominus}$ reduziert (s. Kapitel 8).
2.2: $2\ H_2 + O_2 \rightarrow 2\ H_2O$
Hier findet eine Redoxreaktion statt. Wasserstoff wird zu $H^{\oplus}$ oxidiert, Sauerstoff zu $O^{2\ominus}$ reduziert. Zwei $H^{\oplus}$ und ein $O^{2\ominus}$ bilden Wasser. Ein Molekül Sauerstoff nimmt vier Elektronen auf und bildet zwei $O^{2\ominus}$, entsprechend werden zwei Moleküle Wasserstoff benötigt, um insgesamt vier Elektronen zu übertragen und damit die Elektroneutralität zu wahren.
2.3: $H_2SO_4 + 2\ KOH \rightarrow K_2SO_4 + 2\ H_2O$
Hier findet eine Säure-Base-Reaktion statt, genauer gesagt eine Neutralisation. Da nach dem Kaliumsalz gefragt ist, benötigt man Kaliumhydroxid als Base.
2.4: $Zn + 2\ HCl \rightarrow ZnCl_2 + H_2\uparrow$
Hier findet eine Redoxreaktion statt. Zink wird zu $Zn^{2\oplus}$ oxidiert, die Protonen von HCl werden zu Wasserstoff reduziert, der als Gas aus der Lösung entweicht. Die Chlorid-Ionen bleiben unverändert und bilden mit dem entstehenden $Zn^{2\oplus}$ das Salz $ZnCl_2$.
(3) 3.1: $K^{\oplus}$, $Mg^{2\oplus}$, $Cl^{\ominus}$, $Ca^{2\oplus}$, $F^{\ominus}$, $Na^{\oplus}$, $O^{2\ominus}$, $Fe^{2\oplus}/Fe^{3\oplus}$, $Br^{\ominus}$, $I^{\ominus}$, $S^{2\ominus}$, $Al^{3\oplus}$.
3.2: $SO_4^{2\ominus}$, $Cl^{\ominus}$, $NO_3^{\ominus}$, $PO_4^{3\ominus}$, $S^{2\ominus}$, $CO_3^{2\ominus}$.

B Themenübergreifende Fragen

(1) C
(2) B
Hinweis: Die Ionisierungsenergie ist aufzuwenden, um aus einem Atom oder Molekül ein Elektron herauszulösen. Es entsteht ein Kation. Ein Salz besteht schon aus Ionen, sie werden beim Lösen in Wasser nicht erst gebildet.
(3) A
Hinweis: Diese Aufgabe ist schwer. Sie müssen sicher wissen, dass *K* temperaturabhängig ist. B ist falsch, weil dort „Summe" steht, richtig wäre „Produkt". C ist falsch, weil dort „Differenz" steht, richtig wäre „Quotient". D ist falsch, weil $\Delta G \sim \ln K$, direkt proportional wäre $\Delta G \sim K$. E ist falsch, weil eine Konstante konstant ist, im Gleichgewicht ist $\Delta G = 0$.
(4) D
(5) E
Hinweis: Der Prozess 5) ist eine Hydratation und führt zu einem Aquokomplex, dabei wird die Hydratationsenergie frei. Hier läuft keine Säure-Base-Reaktion ab, im Sinne einer Neutralisation durch Protonenübertragung.
(6) C
(7) C
Rechenweg: 60 g Ethanol verteilen sich auf 40 L. In 1 L (= 1000 g) sind dann $\frac{60\ g}{40} = 1{,}5\ g$ Ethanol enthalten, das sind 1,5‰.
(8) E
(9) C
(10) D
Hinweis: Die Namen Glycerin und Glycin kann man leicht verwechseln. Da es sich um einfache, biochemisch wichtige Verbindungen handelt, wird erwartet, dass Sie die Formeln und damit die Substanzklasse kennen.

Glycerin: $CH_2(OH)-CH(OH)-CH_2(OH)$ Glycin: $CH_2(NH_2)-COOH$

Glycerin, der einfachste dreiwertige Alkohol, ist ein Lipidbaustein. Glycin, die einfachste Aminosäure. Sie ist ein Proteinbaustein, sie ist proteinogen.

(11) A

Hinweis: Malat ist das Anion der Äpfelsäure und spielt im Citratcyclus eine Rolle. Das Anion der Malonsäure heißt Malonat.

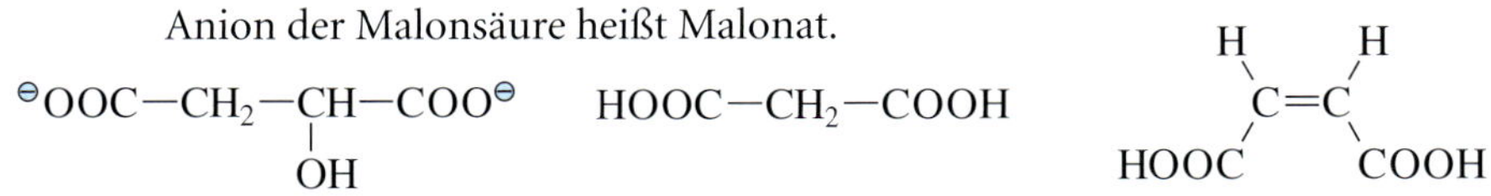

Malat (C_4) Malonsäure (C_3) Maleinsäure (C_4)

(12) C

Hinweis: Diamant ist eine kristalline Modifikation des Kohlenstoffs, d. h. die C-Atome sind im Diamantgitter regelmäßig angeordnet. Amorph bedeutet, dass es *keine* regelmäßige Anordnung der Bausteine gibt.

(13) 13.1: alle; 13.2: B und D; 13.3: A und E.

(14) B

Hinweis: Vitamin D bzw. die daraus hervorgehenden Wirkformen unterstützen die $Ca^{2\oplus}$-Aufnahme in das Knochengerüst, sind jedoch keine Chelatoren für $Ca^{2\oplus}$.

(15) E

Hinweis: Ein Enol enthält das Strukturelement 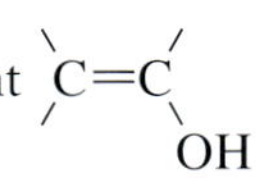

(16) B

(17) E

(18) B

(19) A

(20) C

Hinweis: Glycin ist die einzige proteinogene Aminosäure ohne ein Chiralitätszentrum (siehe Strukturformel in der Lösung von Aufgabe 10).

(21) B

Hinweis: Das abgebildete Vitamin C wird am Endiol leicht oxidiert, d. h. es macht z. B. hochreaktive Sauerstoffradikale unschädlich, es ist somit ein typisches Antioxidans.

(22) C

(23) E

Hinweis: Bei der Bildung des Halbacetals aus der offenkettigen D-Glucose wird kein Wasser abgespalten, die OH-Gruppe an C-5 addiert sich an die Carbonylgruppe des Aldehyds.

(24) **Endergon:** 24.2, 24.3, 24.12, 24.13, 24.15; **exergon:** 24.1, 24.4, 24.5, 24.6, 24.7, 24.8, 24.10, 24.11, 24.14 (s. Kap. 6, Aufg. 8), 24.16; **beides möglich**: 24.9, 24.17.

Hinweis: Bei Gleichgewichtsreaktionen wie der Veresterung bzw. der Oxidation von Ionen hängt die Thermodynamik der Prozesse von der Konzentration der Reaktionspartner ab.

(25) A

(26) D

(27) A

(28)

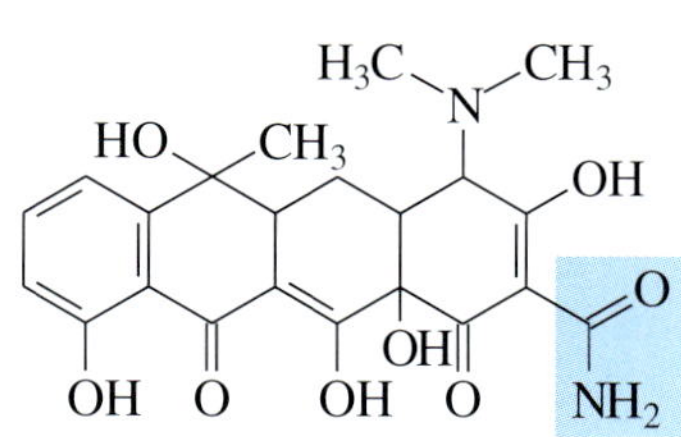

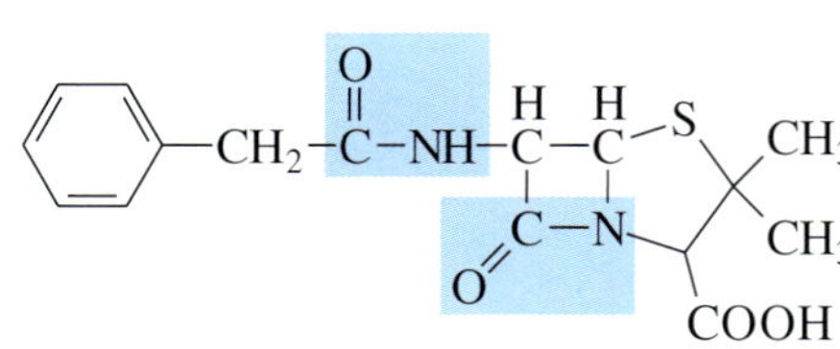

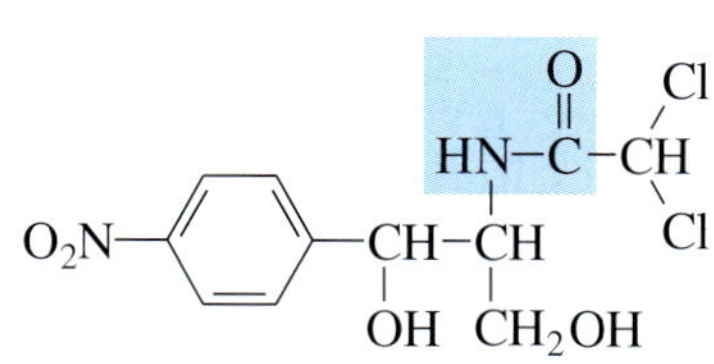

Tetracyclin: 28.2, 28.3, 28.4, 28.5, 28.6, 28.13.
Penicillin G: 28.7, 28.8, 28.10, 28.11, 28.13.
Chloramphenicol: 28.1, 28.9, 28.12.